知
味

第二版

今生必食的 100 道中国菜

戴爱群 张婕娜 编著

王 同 摄影

生活·讀書·新知 三联书店　　生活書店 出版有限公司

图书在版编目（ＣＩＰ）数据

口福：今生必食的 100 道中国菜 / 戴爱群，张婕娜编著；
王同摄影 .—2 版 .—北京：生活书店出版有限公司，2019.5
ISBN 978-7-80768-289-9

Ⅰ . ①口… Ⅱ . ①戴… ②张… ③王… Ⅲ . ①中式菜
肴—菜谱 Ⅳ . ① TS972.182

中国版本图书馆 CIP 数据核字 (2019) 第 051754 号

责任编辑　廉　勇
装帧设计　罗　洪
责任印制　常宁强
出版发行　**生活書店** 出版有限公司
　　　　　（北京市东城区美术馆东街 22 号）
邮　　编　100010
印　　刷　北京顶佳世纪印刷有限公司
版　　次　2019 年 5 月北京第 2 版
　　　　　2019 年 5 月北京第 3 次印刷
开　　本　880 毫米 ×1230 毫米 1/32　印张 10.5
字　　数　150 千字　图 122 幅
印　　数　11,001—17,000 册
定　　价　56.00 元
（印装查询：010-64052612；邮购查询：010-84010542）

序
有诚意　有味道

汪　朗

　　戴爱群先生以前出过两本谈美食的书，一本是《舌尖上的舞蹈》，一本是《春韭秋菘》，我都翻过。比较起来，这本《口福》更好看，因为更纯粹。在书中，戴爱群只想告诉人们，身边都有哪些菜值得一尝，其精妙之处在什么地方。这些菜肴都是他多次品尝反复斟酌后才选定的，无耳餐目食之弊，戒故弄玄虚之笔，简单实在。古人说，修辞立其诚。有了这份诚心，其他都不在话下。

　　戴爱群在美食圈里闯荡了二十多年，做过美食记者，办过葡萄酒杂志，经营过餐馆，最后成了职业美食家。他国内国外跑过不少地方，见识过不少应时当令的珍稀食材，也结识了不少酒店、会所的名厨，要想在书中码放几道罕见的菜品，唬唬人，拔拔份儿，绝非难事，但是他却没有这样做。本书收录的一百道菜，虽然顶着"今生必食"的帽子，但都很大众，甚至有些"庸俗"。像川菜的鱼香肉丝、麻婆豆腐、回锅肉，沪菜的八宝辣酱、腌笃鲜，鲁菜的干炸小丸子、烩乌鱼蛋，苏菜的大煮干丝、狮子头，粤菜的糖醋咕噜肉、咸菜猪肚汤，湘菜的腊味合蒸、东安子鸡，都是一般馆子应有的当家菜，稍有些饮食知识的人都略知一二。一些稍显生僻的菜品，也都惠而不费，不会让人看过菜单之后倒抽一口凉气，暗摸钱包。即便是"高高在上"的谭家菜，戴爱群也只推荐了黄焖鱼肚、清汤银耳鸽蛋、银耳素烩几道菜，在谭门中算是价位偏低的。戴爱群与北京饭店谭家菜的厨师长关系非同一般，自然知道谭家菜向以烹制燕翅参鲍等高档食材见长，黄焖鱼翅可称独步天下，但他却只选了黄焖鱼肚。这里面自然有保护野生动物的考虑，更重要的是鱼翅价格非一般人所能问津，鱼肚要廉宜许多，却同样能够展现谭家菜的精髓。这些细微之处都能看出作者的用心，就是推介一些寻常人家看得着吃得起的特色菜肴，为大众生活增添些滋味。这份用心，不知几人能够体味？

这本书选取的一百道菜大多是各菜系的"老面孔"，鲜见形形色色的"创新菜"。这应该也是作者有意为之。这些年，我和戴爱群常有接触，对于他的美食主张也有些了解。在他看来，创新不是炒概念，不是玩儿花活儿，更不是换个盘碗摆个造型就能成功的。没有对中国饮食文化的真正理解和继承，"创新"只是无宗无派的野狐禅、非驴非马的"四不像"，即便红极一时，终究成不了大气候。对此我也深有同感。中国烹饪当然要不断创新，实际上也在不断创新，没有这种精神，中国人至今只能生活在茹毛饮血的"生食王国"，哪里还有"美食王国"可言？说起来，现在平常百姓享用的肴馔，未必逊于当年帝王家。周八珍中的炮豚，制作工艺虽然繁复，但味道不见得好过今天的烤乳猪。两宋皇宫之中，肯定见不到鱼香肉丝、家常海参、干煸牛肉丝之类的辣味菜，因为辣椒传入中国，大约在明末清初。现在的传统菜，都是当年的创新之作，流传的年头长了，就成了经典。

就中国饮食来说，时下更应倡导的是"守旧"，是将多少代厨师费尽心血创立的精品菜肴和操作技艺传承下去，并将其发扬光大，不能只是养在深闺的非物质文化遗产。如今，经典菜肴退化的情况相当普遍，过去"二荤铺"都十分拿手的爆炒腰花，如今五星级酒店都未见得能吃到，实在有些活见鬼。王世襄、朱家溍这些老先生在世时，便多次提出这个问题，但到了今天，局面似乎并没有什么改观。留住老味道，比起华而不实的创新，更有现实意义。"创新"可以天马行空，守旧则必须有所遵循，因而确定范本十分重要。中国的传统文化精华，在相当程度上是靠《古文观止》《唐诗三百首》之类的选本流传下去的。在烹饪领域，这本书应该也能起到一点作用。

在这本书中，作者不但推荐了菜品，还介绍了菜品的操作要点和掌灶厨师。中国烹饪的本质是艺术而非技术，厨师的技艺及其发挥对于出品起着决定作用。同样是鱼香肉丝，不同厨师做出来的滋味口感大不相同，甚至有着天壤之别，相信很多人对此都有体会。只有将菜品和厨师一并推介，才能使人品尝到真正的美味。略为不足的是，戴先生介绍的厨师主要集中在北京，其他地方涉及较少。他在不少地方都有厨师朋友，也了解他们的拿手绝活儿，但是要跑到各地收录名菜名厨并配上照片，绝非个人财力所能承受，只能割爱。这也是没有办法的事情。

这本书的体例有些"怪"。不是菜谱，不是纯粹的美食体验，也不是烹饪掌故，但几方面内容都有，还有作者的一些生活回忆和菜品源流的简要考证。很杂，但很可读。比如，他在介绍谭家菜的银耳素烩时，将其与粤菜的鼎湖上素和鲁菜的烧素烩进行比较，认为这道菜是结合了两者之长创制的，既有知识性，也让人了解到中国菜肴创新的本质就是多方借鉴。戴爱群认为自己以前写的东西比较"紧"，这次有些放开了。所谓放开，一是文章的内容更加丰富，脱开了就美食谈美食的框框；二是文字比较洒脱，常常意在言外，禁得起琢磨。这样的文章就有些味道了。

自序
这不是一本菜谱

发愿编写这样一本小书，虽说是机缘凑巧，也算得上蓄谋已久——每到中餐厅吃饭，发现不仅是普通消费者，甚至餐饮业从业人员都已经不知道中餐的传统经典菜品是哪些，应该如何烹制、欣赏，而且这一趋势愈演愈烈，中国菜与传统渐行渐远，越来越非驴非马，不知所云。所以一直想编写一本"导吃"的小册子，使中餐的爱好者不至于总是"错把冯京当马凉"，"反认他乡是故乡"。

孰料一朝动起手来，才知道自己学识浅薄，眼高手低，妄想金针度人，谈何容易！短绠汲深，"小鸡吃绿豆——强努"，不亦愚乎！

没办法，"小卒过河"，已经断了退路，只好搜集资料，请教厨师，"临阵磨枪"，拉杂写来，獭祭成篇——错误一定是难免的，请读者诸君多多指正。

本书编写初衷是从美食家的角度推荐一百款中国名菜，说明推荐理由、如何品尝欣赏，并就具体菜品与名厨互动，使爱好中国美食又不得其门而入者能够得到一个"向导"，通过此书比较直观、便捷地初步进入中国美食的殿堂，提纲挈领，得其大要。

本书编写遵循如下原则：
不选燕鲍翅类和野生动物类菜肴。

十大菜系（鲁、苏、川、粤、京、沪、湘、闽、徽、浙）都有代表作入选，以鲁、苏（指江苏菜，包括淮扬菜、苏锡菜、金陵菜、徐海菜）、川（包括四川菜、重庆菜）、粤为重点。

基本不涉及清真菜（北京菜的涮羊肉太重要了，实在无法割舍，算是例外）。

主要选择传统经典之作或地方特色浓郁的菜品，同时又是作者喜欢、并有话可说的。

以热菜为主，配以少量冷菜、甜菜，兼顾不同原料、技法、口味，不含点心、小吃。

每道菜的介绍角度可能涉及原料、技法、口味等方面的特色，来历或传说，有关历史、地理知识、风土人情，如何从欣赏的角度判断是否正宗、合格，还包括关键技术环节、厨师创作心得。

菜品烹制方法尽量遵循传统，由于种种原因确实无法做到完全一致的，则注明与传统不同之处；同一菜品的不同流派、餐厅、厨师的不同说法、手法也予以说明，以备查考。

每道菜至少配成品照片一张。

尽可能请名厨或有一定思想、特长的厨师烹制菜品。

读完拙作，估计有不少人会觉得作者过于保守，动不动就奢谈"经典""传统"，反对创新——那可真是冤哉枉也！我在书中多次赞扬各地厨师对满族"福肉"的改良、发展，也不反对在现有条件下适度调整一些名菜的细节。我所反对的是一些厨师根本没闹明白中餐至少是本菜系的基本规律，在基本功还很不扎实的情况下，为了一时名利就急于"创新"，一味迎合媒体、不明真相的外国人和市场的短期效应，哗众取宠，或生吞活剥外餐的食材、技法，或偷工减料、滥用添加剂、工业化批量生产的复合调味料，出品恶俗，难以下咽——这种所谓的"创新"，其实是胡闹，是对中餐的糟改、践踏！

本书引用、参考前辈著作不少，尽可能注明了资料来源并附参考书目；如有遗漏，请鉴谅。

感谢为配合采访、拍照辛勤操作的厨师们；感谢我的学生张婕娜负责采访和编写"关键技术环节""厨师心得"和所有"贴士"，感谢我的学生王同负责拍摄全部照片；感谢罗少强、廉勇先生的耐心，安安静静地等待我一拖再拖的书稿；感谢汪朗老师认真审阅、改订全书，并再一次为拙作作序；感谢常绍民先生的热心帮助；感谢我的师父徐秀棠先生为本书题签；感谢所有支持本书创作的前辈、朋友们。

书稿付梓，就不再是作者私有，能否达到预期效果，只好听天由命。

有道是："大风吹倒梧桐树，任凭他人论短长。"

反正评论有人，作者最好沉默静听。

不过，且容我奉告一言：望读者诸君勿以菜谱视之为幸。

是为序。

戴爱群

2014 年 10 月 10 日于京华云苦雾罩之楼

目录 Content

第 1 章 鲁菜

葱烧海参 / 3

油焖大虾 / 5

糟熘鱼片 / 9

侉炖目鱼 / 11

炒芙蓉鸡片 / 15

酱爆桃仁鸡丁 / 17

干炸小丸子 / 21

油爆双脆 / 23

爆炒腰花 / 27

九转大肠 / 29

锅熠豆腐 / 33

扒龙须菜 / 35

烩乌鱼蛋 / 39

奶汤银肺 / 41

拔丝山药 / 45

第 2 章 苏菜

清炒河虾仁 / 49

芙蓉蟹粉 / 51

拆烩鲢鱼头 / 55

松鼠鳜鱼 / 57

清蒸白鱼 / 61

生炒甲鱼 / 63

炒软兜 / 67

炖生敲 / 69

金陵盐水鸭 / 73

叫花鸡 / 75

清炖狮子头 / 79

肴肉 / 81

莼菜鲈鱼羹 / 85

大煮干丝 / 87

菊叶蛋汤 / 91

桂花鸡头米 / 93

第 **3** 章　川菜

家常海参 / 99

酸菜鱼肚 / 101

干烧鱼 / 105

漳茶鸭子 / 107

宫保鸡丁 / 111

怪味鸡 / 113

鱼香肉丝 / 117

回锅肉 / 119

蒜泥白肉 / 123

三元牛头 / 125

干煸牛肉丝 / 129

麻婆豆腐 / 131

口袋豆腐 / 135

河水豆花 / 137

开水白菜 / 141

甜烧白 / 143

第 **4** 章　粤菜

堂灼螺片 / 149

冻大红蟹 / 151

古法炆鲳鱼 / 155

潮州卤水鹅肝 / 157

白斩鸡 / 161

东江盐焗鸡 / 163

烤乳猪 / 167

蜜汁叉烧 / 169

糖醋咕噜肉 / 173

咸鱼蒸肉饼 / 175

东江酿豆腐 / 179

炸普宁豆腐 / 181

蟹黄扒豆苗 / 185

鼎湖上素 / 187

冬瓜盅 / 191

咸菜猪肚汤 / 195

蟹肉瑶柱蛋白炒饭 / 197

陈皮红豆沙 / 201

第 **5** 章　京菜

黄焖鱼肚 / 205

烤鸭 / 207

砂锅白肉 / 211

银耳素烩 / 213

清汤银耳鸽蛋 / 217

三不粘 / 219

核桃酪 / 223
涮羊肉 / 225
炒麻豆腐 / 229

第 6 章　沪菜

虾子大乌参 / 235
全家福 / 237
烤子鱼 / 241
八宝辣酱 / 243
糟门腔 / 247
油焖笋 / 249
生煸草头 / 253
竹笋腌鲜 / 255

第 7 章　湘菜

酸辣笔筒鱿鱼 / 261
腊味合蒸 / 263
东安子鸡 / 267
发丝牛百叶 / 269
汤泡肚 / 273
冰糖湘莲 / 275

第 8 章　闽菜

佛跳墙 / 281
鸡汤氽海蚌 / 283
红糟鸡 / 287
太极芋泥 / 289

第 9 章　徽菜

一品锅 / 295
石耳炖石鸡 / 297
臭鳜鱼 / 301
毛豆腐 / 303

第 10 章　浙菜

宋嫂鱼羹 / 309
西湖醋鱼 / 311
东坡肉 / 315
蜜汁火方 / 317

第1章 鲁菜

SHANDONG CUISINE

▌操作厨师：张少刚

葱烧海参

这是一道著名的、有代表性的传统鲁菜，无论是一间鲁菜餐厅还是一位鲁菜名厨，如果拿不起这道菜来，那可真是"枉担了虚名儿"。

海参作为一种食材是非常难伺候的，发制过程就复杂繁难，烧的时候讲究又多，对厨师的火候、耐心都是一大考验。

现在不论什么菜系的餐馆，上海参绝大多数都是分餐，一人一条，这是拷贝粤菜鲍汁扣海参的上法。其实，鲁菜、粤菜料理海参各有千秋，具体到葱烧，还是以鲁菜传统手法斜刀抹大片为好——无他，取其容易入味而已。

说到海参入味，也有一点分寸需要拿捏——不入味固然不对，太过入味也不行，入味的程度要恰到好处，浓而不重，淡而不薄，绝非入味越重越好，像海参、鱼肚之类发制的海产品属于比较珍贵的食材，按中餐的传统，调味以清淡为好，没见过口味过于浓重的例子。

海参的口感也有类似的要求，既不能过于僵硬，也不能过于糟烂，必须是软粑之中带一点弹性，弹牙的同时又软滑柔腻，"过犹不及"用在这里真是再合适不过了。

另外，既然名为"葱烧"，葱在此菜中占有特殊地位。首先要葱香浓郁，这考的是厨师熬葱油的功夫——这里还有个小窍门，我请教过王义均大师和我的朋友王小明，都说熬葱油的时候要加入香菜的梗和根，以增加葱油的香味；其次熬葱油用的葱段和最后成菜里的葱段不是一拨儿，后者是炸过之后加高汤上屉蒸熟，再下入烧海参的勺中的，如此炮制过的葱段外形完整，香鲜入味，滋味之美不输海参——这也是考校厨师的一个要点，外行厨师烧出的葱段或者已经糊了，或者里边夹生，根本不堪入口，更谈不到入不入味了。

【海参】

　　时至今日，世界上发现的可食用海参已达 300 多种，入馔最好的当属日本产的关东参。深海寒冷，对于海参这种无脊椎棘皮动物来说，对海水温度、含盐量都要求较高，因此海域的环境好坏，直接影响了海参的品质。

　　要做出味道、口感均出色的海参菜肴，应选纯淡干货为佳。海参怕油、怕铁，因此炮制过程要尤为注意。好的海参，涨发后是干货的 3.5 倍，六排刺，密实，刺体饱满，烹制后才可得糯、软又略有韧性的口感，切不可有胶皮糖的口感。

☕ 关键技术环节

　　传统做法，海参应片片，而不是像时下为满足消费虚荣心以求善价而整条烹制。

　　葱、姜入温油锅，熬成葱油；弃去葱、姜，取油。

　　另取葱段刻刀（在葱段上轻轻刺两刀）后，下入油锅炸至金黄，捞出；放入高汤中上锅蒸几分钟。

　　烧制海参要本着"有味者使之出，无味者使之入"的原则，海参飞水，入清鸡汤，加盐、料酒、白糖、葱油，烧开，在微火上㸆 5 分钟，剩下 1/3 汤汁时，改用旺火，翻炒，其难度就在于既要让海参入味又要保持海参的弹性。

　　下入葱段，调味勾芡。

　　传统做法，出锅前要"俏"些青蒜或蒜苗。

② 厨师心得

　　葱烧海参，对葱的要求很高，要选大葱靠近根的部分，烹制过程中不会蜕皮；剥掉两层外皮，取中间的部分，筋少不老。

油焖大虾

　　小时候吃过的油焖大虾都是不加番茄酱的。

　　野生的渤海湾大对虾一到产卵期，雌虾从头到尾贯穿整个背部有一条淡黄色的虾"黄"，头上还有红色的虾"膏"。去除沙袋和虾线的过程中，背部自然被剪开，下锅以后，大虾一接触热油，很快变成橘红色，并且一直漂在成菜盘底浓浓的芡汁上，食毕大虾，以此油汁拌白米饭，可以多吃两碗——真是人间难得的美味。

　　如今市售国产对虾多为人工养殖，皮薄而软，个儿小，肉亦淡薄无味，尤其要命的是缺少背上的虾"黄"和头上虾"膏"，厨师煸不出红色虾油，只好用番茄酱调色，成菜不仅没有虾油的醇香，还带有番茄酱的罐头味，无趣之极。

　　王小明做这道菜最成功的就是选用东南亚产的野生三到四头大明虾，壳厚而硬，肉紧实，多数饱含"黄""膏"，剩下的就是按传统手法烹制而已，并无什么出奇创新之处，而滋味之美，知味者自能领会。

▌操作厨师：王小明

【中国对虾】

对虾科节肢动物。因过去渔民收获按对计数，市场亦常成对出售，故名；其体形较大，俗称大虾；又因新鲜虾壳有相当的透明度，其内脏及神经索隐约可见，故又名明虾。雌虾皮色微显褐蓝，怀卵时背部青绿，俗称"青虾"；雄虾皮色黄褐，俗称"黄虾"。出肉率高，肉质细嫩白净，滋味鲜美，滑爽香脆，风味特佳，营养丰富，被誉为"虾类之冠""海味珍馐"。中国对虾为我国黄、渤海特产。每年10月下旬，北方天气较冷，渤海水温降至10℃以下时，虾群南游至黄、东海的深海域过冬。来年四五月份，北方天气及海水转暖后，虾群向北生殖洄游，返回渤海各湾浅海中产卵繁育，9月份幼虾发育成为成虾又向黄、东海深水域越冬洄游，如此往复循环，世代交替。其路线明显而固定。遂形成山东、河北、天津、辽宁四省市沿海海域的对虾汛期。

🍲 关键技术环节

化冻：不能强行化冻，快慢都不行，最好用流水冲。

初加工：一定要背开；去沙包、虾线要在流水下，万一剪破可将泥沙冲走，以免污染虾肉。

煎虾：一半葱油，一半猪油；两面煎，轻拍头部。

调味：料酒、鸡清汤、盐、糖、米醋、胡椒粉，葱、姜、蒜片。

先收汁，后勾芡，打明油。

🥄 厨师心得

这是一道传统鲁菜的大菜，把大虾的所有优点发挥得淋漓尽致，虾肉、虾膏、虾黄各尽其味，烹饪过程一气呵成。

七分选料，最好是4头的大虾。

初加工手法要熟练、细腻。

虾要煎成金黄色，皮脆而不糊，透出香味。

调味精准，尤重盐、糖的比例，决不能做成番茄糖醋大虾。

▌操作厨师：张少刚

糟熘鱼片

市售此菜难得合格，关键在于鱼和糟都不对。

先说鱼，山东当地讲究用比目鱼类，如鲆鱼（又称"左口""牙偏"）、鲽鱼、舌鳎鱼（又称"鳎目""牛舌头"）的净肉，取其能出大块无刺的鱼肉，肉质结实而细嫩，切片不散，雪白洁净，成菜外形稍稍卷起，口感略带弹性，鲜滑肥美。如今北京鲁菜餐厅为降低成本多用草鱼，不仅多刺，而且养殖速成的货色肉质糟软，平摊在盘中，毫无嚼头，更谈不上鲜味了。能用黑鱼、鳜鱼就算不错，虽然一样是人工养殖的，好歹肉质要紧实不少，而且鱼肉不含小刺，已算难得——但一定得现点现杀现烹，若提前杀好，一进冰箱，就会变腥变糟，难以入口了。还有用冰冻的所谓"银鳕鱼"的，简直令人无语。

糟熘糟熘，技法是"熘"，调味主要靠"糟"——"香糟酒"，过去都是由厨师自制，即所谓"吊糟"，麻烦当然是麻烦，可是以自己"吊"出的"香糟酒"调味，滋味大佳。如今则不然，有去买市售的"糟卤"代替的——那是江浙沪一带用来做冷菜糟凤爪、糟毛豆的，内含五香料，与"香糟酒"淡雅微甜的风味完全不同。还有的干脆以黄酒冒名顶替，殊不知酒香固然比糟香浓郁，但放少了一加热就会挥发一部分显得香味不足，放多了会有酒精的苦味；而且酒香比较刺激，不如糟香来得柔和蕴藉，清新隽永，富于回味。

鲁菜口味以咸鲜为主，此菜则咸中带甜、清淡仿佛南味，加之色泽浅黄，芡汁较多而明亮，在一桌鲁菜中显得矫矫不群，我每每点之，用来调剂口味，非常容易出彩。

【吊糟】

制作香糟酒的方法。

将糟泥（酿黄酒剩下的材料，也叫糟糠，是吊糟的主要原料）、黄酒、糖桂花、食盐、绵白糖，放入罐内密封（过去用坛，现在可用不锈钢桶），夏季三天，天凉时需七天，其间翻搅一次，让各种材料味道更融合。用纱布将糟泥包裹，吊起来过滤，控出的汁滴入下面的桶内——此过程即为"吊"——取出糟汁。第一次吊出来的汁要沉淀一天，取上面的清汤用豆包布再过滤，才可用。如此方法吊出的糟汁，与南方的糟卤不同。

👋 关键技术环节

选用海鱼（如舌鳎鱼），比淡水鱼肉质更滑嫩、滋味更美。

辅料选用冬笋，传统做法还会配些黑木耳。

整鱼去皮、骨，片片，用蛋清、淀粉上浆挂薄糊，过油定型，飞水去掉多余浮油。

飞水后的鱼片放入锅中，加入清鸡汤、吊好的香糟酒、糖、盐，调味勾芡，翻炒出锅。

💟 厨师心得

宴席上考究一些的，可以用陈年的花雕与糟泥一起吊糟。而平时烹制此菜，实际以颜色较浅的黄酒来吊糟更好。因为糟泥味道已够浓烈，没必要再加上上好的花雕酒，使其香味过浓。

侉炖目鱼

"侉"字有贬义，原来的意思是指口音不正，特指与本地口音不同。比如说，以北京的语音为标准的话，周边地区的口音就会被认为"侉"。这里用的是引申义，有"怯""土气""俗气"的意思。

这种烹饪方法之所以被称为"侉"炖，是相对于"清"炖而言的。所谓清炖，要求汤多色清，原汁本味，鲜醇不腻，不加有色调味料；而侉炖正好相反，不仅要加有色调味料，装盆之后还要撒上葱丝、香菜段，口味是酸辣的醋椒口，汤色略显浑浊，而且汤的量也较清炖为少——站在清炖的立场上看，这种手法自然显得有点乡土气息，有点家常风味，所以才被前辈厨师幽它一默，命名为"侉"吧。

其实这道菜一点都不"侉"，恰恰属于比较高级的菜品：首先，作为主料的鳎目鱼（学名舌鳎鱼），即便是在讲究饮食的法国，也被视为高级食材，特别是多佛尔海峡的出品，尤为美味——山东莱州湾的半滑舌鳎鱼不仅一点不差，而且肥厚过之；此菜并不长时间炖煮，鱼的鲜味无从溶入汤中，所以和烩乌鱼蛋一样，底汤得用上等的高汤，如果按传统手法吊汤，一斤料只能出一斤汤，汤比鱼便宜不了多少。

此菜还有一个特别的地方，它属于鲁菜所谓"半汤半菜"，这类菜品中汤的分量介于汤菜和非汤菜之间，故名；常见菜品有山东海参、济南炒里脊丝等等——过去正式的宴会上，佐酒的"酒菜"与下饭的

▌操作厨师：王小明

"饭菜"是分得非常清楚的，这类菜品往往属于"饭菜"的范畴。其实，其他菜系也有类似菜肴，比如宁波的大汤黄鱼、广东的清炖牛腩、淮扬的大煮干丝，汤和食材分量的比例与侉炖目鱼仿佛，只是它们并不专门设置这样一个名目而已。

【侉炖】

侉炖是将原料挂匀全蛋糊，用热油炸至呈金黄色后，再放入锅内加入调味品小火加热使之成熟的烹饪技法。成菜酥烂软糯，味道浓郁。名菜有侉炖目鱼、侉炖驼峰等。

关键技术环节

鳎目鱼治净，撕去鱼皮，斩成 4 厘米长、2 厘米宽的骨牌块。

将鱼肉用精盐、料酒、酱油略腌，时间不必过长。

鱼块均匀蘸满掺入面粉的蛋液，下入油中，炸至呈金黄色时捞出。

另起锅下油煸炒葱段、姜片，待炒出香味后，下入清鸡汤、料酒、盐。

汤烧开后放入炸好的鱼块，微火炖 10 分钟。

随后再开旺火将汤烧至大开，加入胡椒粉、米醋、香油调味，关火。

盛入碗中，撒上葱丝、香菜段即成。

厨师心得

鲁菜并不像很多人心目中那样的咸腻粗糙，相反倒是有很多精细别致的出品，味型也有其独到之处。此菜取材鳎目鱼，肉质滑嫩，以鸡清汤侉炖，处处显出其制作的讲究；而以胡椒粉、米醋、葱丝、香菜、香油调味，堪称鲁菜小酸辣口的经典之作。

■操作厨师：张少刚

炒芙蓉鸡片

　　这是一道被"冤枉"的名菜。

　　曾经有食客在餐厅投诉:"不是叫'炒芙蓉鸡片'吗? 菜里为什么没有鸡片?"我虽不在现场,也能想象出服务员哭笑不得的模样。换做是我,宁可道歉,把钱退给他,让他一辈子不认识芙蓉鸡片! 类似事件的直接后果,就是很多鲁菜餐厅干脆把这道菜从菜单中取缔——本来做着就麻烦,还得跟"棒槌"废话,何苦来哉?

　　此菜的另一个麻烦来自原材料——在只有柴鸡(又叫土鸡、草鸡、笨鸡、走地鸡)的时代,鸡胸脯肉绝对是高端食材,一只鸡身上只有小小两条,细嫩又少夹杂筋骨,无论是做成鸡丁、鸡片、鸡丝、鸡茸都能出彩,价格自然不菲;自从国内有了"肉鸡"(又叫养殖鸡、西装鸡),市场上可以随便买到整坨的冰冻货色,而且吃起来如嚼棉花,毫无滋味可言,鸡胸脯肉的行情大跌,以之为主料的菜品也集体从阳春白雪变成下里巴人,至少我在餐厅是很少品尝这类菜品了。

　　1983 年,全国烹饪名师技术表演鉴定会在京举行,鲁菜大师王义均先生在会上荣获"最佳厨师"称号,表演的四道菜品中就有炒芙蓉鸡片——可见此菜在鲁菜中的地位。按常规的做法,主料只取鸡茸,而王大师还加入了鱼茸和熟荸荠泥。我曾当面请教,承大师见告,加鱼茸是为了增加"鸡片"的滑嫩程度和鲜味,加荸荠泥则为了使"鸡片"带一点清脆的口感,吃起来更加爽口。

【芙蓉】

鲁菜传统菜品命名时往往把蛋清称为"芙蓉",如芙蓉鸡片、芙蓉虾仁、芙蓉干贝等等。这主要是因为北京话中的"蛋"字有轻侮之意,所以才有此忌讳。除此以外,很多和鸡蛋有关的菜品都另取嘉名,如把摊鸡蛋称为"摊黄菜",水泼蛋汤称为"高汤卧果"之类。

☕ 关键技术环节

鸡胸肉,去除白筋,用刀背砸成鸡肉茸。

只取蛋清,横向搅动蛋液,不可抽打,以免把蛋液打出泡沫。

可以略加一些鱼肉茸来增加滑嫩的口感。

鸡、鱼肉茸混合,用水淀粉澥开,加盐调味。一点点倒入蛋清,不断搅拌,使三者充分融合。

过箩,不必太细。

油温四成热,下入混合好的鸡茸糊,注意要贴着锅帮下,一片成形后,捞出沥油,再下另一片。

将成形的"鸡片",放入水中大火煮,使其"吃入"的多余的油"吐"出来。

锅内放入少许清汤,加盐、少许糖调味,把鸡片放入,勾芡。

出锅前加入上好鸡油;上桌前撒上少许火腿末。

♡ 厨师心得

很多菜肴烹饪的传统手法日渐失传——例如此菜砸鸡肉茸的工序,传统做法是将鸡胸肉放在生猪皮上砸,现在已经没有人这么做了。

酱爆桃仁鸡丁

我于鲁菜，特爱其"爆"菜，无论油爆、酱爆、芫爆（主要的辅料是芫荽即香菜，故名芫爆，芫音"盐"，故有人误写为盐爆；有时好不容易写对了，却不识"芫"字，误读成"元"爆），口感都是嫩中含脆、脆中带韧、爽口利落，能给整个口腔带来无可比拟的愉悦、快感，一上桌先点两个来下酒，妙不可言。

酱爆鸡丁要求把黄酱炒得不老不嫩，不借助芡汁就能飞薄而均匀地裹住鸡丁，使之色泽红亮，酱味浓郁，咸甜适中，滑嫩香鲜，而且盘无余酱，食毕只剩浅浅一层底油，殊非易事。

鲁菜自古重视酱的使用，北京地区亦复如是，从餐馆的烤鸭、黄焖鸡块、酱汁中段，到盒子铺的酱肉、酱园的酱菜乃至居家过日子的炸酱面，都离不开酱。酱有黄酱和甜面酱两种，随着酱的品质下降，很多北京吃儿都变味了。

谓予不信，且看民国年间的天义顺酱园是如何制黄酱的："制酱用的大豆，要选粒大、色黄、含油量大的马驹桥、庞各庄产品。制作方法是：大豆一百斤泡胀后上锅蒸熟，加白面五十斤，碾碎踩实，切成长方块，码到屋内架上发酵后即刷掉浮毛，放入缸内，每百斤加盐五十斤、水二百斤，这个比例叫做'一黄二水半斤盐'；等泡碎后过筛，每天用酱耙翻倒四次，经过长期日晒（由二月到八月），才能制

▌操作厨师：于晓波

成。这种酱叫伏酱，也叫天然酱。用它……做酱牛羊肉，色泽鲜亮，美味适口"。(见刘英杰著《天义顺清真酱园》)

六必居的制酱法还要繁复，仅发酵一道工序就需"经过二十一天，……酱料发的不够，就有生味，发的过了，就会有苦味。现在采用的高温快速发酵法，只用七十二小时，由于时间短、温度高，有的地方发的过了，有的地方发的还不够，制成的酱，味道远不如老法制成的"。(见贺永昌著《老北京老酱园》)

酱已乏味，鸡复圈养，对厨师技术要求又高，这道菜的合格出品自然越来越难吃到了。

【酱爆】

酱爆这种烹调手法，是用炒熟炒热的酱类爆炒原料，如果原料是生的，应在上浆、滑油后再以酱爆制。酱爆的技术关键是炒酱，酱一定要炒透，白糖、料酒等调料应在酱快炒好时下锅。而酱与油的比例也要适中，油多，酱包不住主料，易溜酱；油少，则容易巴锅。

关键技术环节

选鸡胸肉，切丁，上浆。

滑炒鸡丁，注意油温要适中，不宜过高，滑炒后用漏勺捞出控油。

炒酱，选山东黄酱，翻炒一定时间后，加入白糖和料酒。

当黄酱炒至变稠发亮时，将滑好的鸡丁下入，翻炒至酱料完全包裹住鸡丁。

将炸好的去皮核桃仁放入，翻炒均匀即可。

厨师心得

这道菜很是讲究火候，无论是滑炒鸡丁，还是炒酱，都要掌握好油温与时间。

过去的做法，在冬天会配些黄瓜丁，从而在酱香中增添些许清香。

操作厨师：于晓波

干炸小丸子

梁实秋先生说："我想没有人不爱吃炸丸子的，尤其是小孩。我小时候，根本不懂什么五臭八珍，只知道小炸丸子最为可口。肉剁得松松细细的，炸得外焦里嫩，入口即酥，不需大嚼，既不吐核，又不摘刺，蘸花椒盐吃，一口一个，实在是无上美味。"

老先生就是老先生，能把炸丸子的妙处写到这个份儿上，我只好照抄，倒省得多费唇舌了。

这段文字中最重要的是那个"剁"字，如今的餐馆都用上了绞肉机，把肉的纤维、细胞破坏殆尽，入口仿佛肉浆，口感、味道全失——从这个意义上讲，梁先生吃过的干炸小丸子早就随风而逝了。

另一个问题是丸子的表面处理：北京同和居的做法是故意不把丸子搓成球形，略显不规则，而且表面疙里疙瘩，这样的好处是与油的接触面积较大，自然也就增加了酥脆的口感。而有一种做法是尽量搓成规则的球形，而且大小几乎完全一致，放在盘中非常美观，外皮炸成一层薄薄的脆壳——王府井全聚德总厨徐福林师傅告诉我这是丰泽园的做法，同是老字号，不知道这两种做法的传承依据何在，但我个人更喜欢同和居的风格。

关于丸子还有一个京华小掌故：过去宅门里唱堂会，除了请职业演员之外，也会请票友出演。票友往往非富即贵，至少有较高的文化素养，跟主人多少沾亲带故，水平不一定就低（京剧名角儿如龚云甫、

言菊朋、奚啸伯都是票友下海，载涛、溥侗、袁克文票戏的水准是专
业演员都佩服的），只是自高身份，表示不屑以唱戏谋生而已，甚至号
称连茶水都自备。只有一样特别的忌讳，如果请票友吃饭，永远不许
上丸子——因为专业演员常以"丸子"打趣票友，说他们业余，"不是
正经材料做的"。

【五花肉】

按照猪肉的分档，五花肉即指脊背下方、奶脯上方、前后腿之间带肋部分，
靠前带肋部分称硬肋，又称硬五花上五花，靠后无骨部分称软肋，又称软五花下
五花。（见《中国烹饪百科全书》P149）

【前臀尖】

指的是臀的上部，靠近腰部位置为前臀尖，靠近腿部位置为后臀尖，前臀尖
的肉质更细嫩一些。

关键技术环节

选肉：五花肉 + 前臀尖，按照四六肥瘦比例。

调馅：手工剁馅最好，如果机器绞馅要注意设定颗粒较粗一档，加黄酱调馅
（炸完后色泽金黄），再加入姜末、淀粉，不必打馅过于吃劲儿，否则达不到炸后
酥嫩的口感。

炸制："复炸"环节很关键。当油七八成热时，以手挤丸下入油锅，将油温控
制在五六成热，炸 4-5 分钟，使丸子内外均匀熟成；锅离火，丸子不必出锅；待
油温稍降后，再上火将油烧至七八成热，复炸，使丸子熟透，外皮酥脆，出锅。

蘸料：配椒盐，或老虎酱（黄酱 + 蒜蓉调制而成）。

厨师心得

看似简单的一道菜，要做到外焦脆、里香嫩，调馅、挤丸、油炸等每个技
术环节都要到位，才能炸出香脆、有空心感、不粘牙、吞咽不噎的小丸子。这是
一道下酒好菜。

油爆双脆

鲁菜的经典之作，也是我热爱中餐的原因之一。

中餐区别于世界其他各地美食的主要特征之一，就是我们的炒锅不是平底，而是抛物面，这使得厨师可以沿着一条既高且长的抛物线把锅中的食材抛向空中（即所谓"翻勺"），如果此时锅、油、汁、食材的温度都足够高的话，食材经过几次"翻勺"，就有可能以极快的速度均匀成熟并裹上调味汁，尤其是一些特殊的食材，只有通过这样的方式，才有可能被爆炒至火候恰好，形成中餐独创的口感、味道、锅气——而上述一气呵成的高难动作，用平底锅是无论如何也无法完成的。

所以，中国人就有口福了，猪、牛、羊的肚仁、腰花、肝片、里脊，鸡、鸭的胗肝、脯肉，水产如鲜鲍、海螺、虾仁、鱼片、墨鱼、鱿鱼、海肠、蛤蜊、蛏子，乃至豆芽、菜心、芥蓝、蒜薹等等，凡属生了熟了都不好吃，而生熟之间只争一秒甚至不足一秒的"刁钻"食材，在外餐只好烤之蒸之炸之炖之焯之拌之乃至生食，在中餐则无不可以急火热油，爆之炒之，如遇高手掌勺，只听一片叮当脆响，几秒之内菜已出锅装盘，色香味形都诱人无比，尤其是或脆或嫩或爽或滑或微韧弹牙的美妙口感，真使人从口腔到心灵产生无比的愉悦，如观名画，如闻仙乐，如参无上妙谛，身心俱醉，物我两忘。

这年头中国人、外国人号称美食家、厨艺大师的人着实不少，嚷嚷着要国际化、要改良中餐的也大有人在，无论做菜的还是吃菜的，

▌操作厨师：张少刚

如果连中餐的这种境界都尚未领略，又有什么资格发言呢?

时下的中餐固然有不少短处，也需要向外餐学习借鉴，但这种急火爆炒的功夫是我们独有的，世界第一，应该是外餐就此向我们学习才是，大可不必妄自菲薄。

【油爆】

这是鲁菜中比较经典的烹饪技法，主料不上浆，先在沸水中稍氽，再用 8~9 成热的油速炸，然后急炒成菜，从而突出原材料的脆嫩。这种烹调技法，因烹调时间短、速度快、火候过则不脆、欠则不熟，因此较难掌握，对厨师技艺要求颇高。(见《中国烹饪百科全书》P31)

【"三旺三热"】

油爆菜焯要旺火沸水，炸要旺火沸油，炒要旺火热锅。全部烹调过程的这三个步骤，要连续操作，一气呵成。

关键技术环节

两灶两锅：烹制此菜，需要至少两个灶眼两口锅同时操作，一个烧水，一个热油，从而严格把控时间和火候。

先飞水：将两种食材按先后顺序，先放鸡胗，1~2 秒后放猪肚仁，随即捞出。

再过油：将焯水后的鸡胗和肚仁，马上放入旁边灶火上的热油锅中过油，迅速拨散，倒入漏勺中。

最后炒：炒锅留少许油，放葱、姜、蒜末煸出香味，放入鸡胗和肚仁，烹入兑好的"碗汁儿"(用葱花、蒜片、盐、醋、料酒、味精、淀粉调好的芡汁)，颠翻几下，盛出。

厨师心得

出锅时的成菜应为九成熟，因为上桌还有一段距离，盛入盘中的菜会完成自我加热的过程。

此菜一定要趁热吃，时间长会嚼不动，影响菜品的口感。

操作厨师：于晓波

爆炒腰花

　　猪腰是一款绝佳的平民化食材，价格不贵，可炒可熘，可以炝拌，可以氽汤，可以炖煮，可以涮锅，南北兼用，酒饭两宜。家父当年酷嗜此味，加上计划经济时期猪肉限定每人每月供应两斤，猪腰似乎不在此列，所以我从小就吃过无数猪腰。大约口味也可以遗传吧，时至今日，去餐馆吃饭，只要菜单敢写上腰花，我就一定敢点，尽管多数情况火候偏老，依旧百吃不厌。

　　自从国人在各路营养学家的指导下开始注意养生，各色内脏就被视为高血压、心脑血管疾病的罪魁祸首，相当多的人民群众对腰花、肚仁、肝尖、肥肠畏之如虎，我却以为人终有一死，万一死于车祸、地震、环境污染呢？耽误了吃腰花，岂不冤哉？故照吃不误。

　　腰花处理起来有点啰唆，首先和一切内脏一样，料理之前都不应冷冻，这样炒出的腰花不仅鲜嫩，还带一点点弹性，而且能吃出猪腰特有的芳香；其次是要去净中间的腰臊（即肾盂）部分，打好花刀——北方要求是麦穗花刀，南炒腰花则要求荔枝花刀——以保证腰花在锅中能快速均匀熟成，受热后还能翻卷出漂亮的造型。

　　猪腰含水量很高，质地极为细嫩，火候稍过则变硬不堪食用，火候不足又会往外渗出血水，而且造成芡汁与腰花分离，卖相难看不说，鲜血淋漓的，也难以入口。

关于此菜的火候，同和居的于晓波师傅曾经告诉我，火候合适、最好吃的腰花应该在刀口部位带一点血丝，只是现在懂行的人太少，怕投诉，不敢这么炒。我当即补充，同时也不能往外渗血水，芡汁还得能裹得住腰花。于师傅遂许为知味。

【爆炒】

以沸油猛火急炒，即为爆炒。脆嫩爽口、卤汁紧包原料，是爆炒菜的最大特点。

早在两宋时期制作"肉生"就曾出现了"爆炒"一词，所以从明代起也有把油爆叫做爆炒或生爆的。（见《中国烹饪百科全书》P31）

对于上一层薄浆的主料，采用爆炒的方法时，开始会有一个类似滑炒的短暂过程——用5-6成热的油滑透主料，再急炒成菜。就如这道爆炒腰花。

关键技术环节

新鲜猪腰，是此菜的关键。

取完整猪腰，平刀对半开，除去中间的腰臊，浸泡在清水里，可以加几粒花椒，去除腥臊味。

剞麦穗花刀，切成块，用水淀粉抓匀。

将处理好的腰花滑入5-6成热的油，随着油温升高急速爆炒，掌握好时间，不宜过长。

加入木耳、黄瓜、蒜片等配料，以酱油为主调味，勾芡，出锅前略点一点儿醋。

厨师心得

此菜切不可加入胡椒粉。

点醋，但不是为了吃出醋味，而是借以去除腥臊味道。

九转大肠

　　世界上有些食材没做成菜之前最好别看，否则恐怕会立刻丧失胃口，猪肠就是其中之一。不要说看，郭德纲有段相声说于谦他爸爸一天到晚吃大肠，听过之后，害我好久不想吃卤煮。

　　但猪肠又是少有的美味，口感、香味之特殊绝无仅有，独树一帜，无可替代。我见过无数淑女或挑剔或减肥，这不吃那不吃，给她们点菜能把人折腾死，可要真端上一盘肠子，一番半推半就欲拒还迎之后并不比任何人吃得少；也有坚持原则的，这种人就是天仙，我也决不再带她玩了——能拒绝猪肠的诱惑，这人的内心得多坚硬啊！太可怕了！

　　猪肠也是出了名的不好收拾，脏东西固然要洗干净，但又不能干净到使人吃不出肠子味的地步，那种著名的所谓"脏（不是肮脏之'脏'，而是内脏之'脏'）气味"浓了当然坏人胃口，完全没有反而影响食欲——过犹不及，此之谓也。

　　内脏进冰箱在厨房应该悬为厉禁，无论是生料还是熟菜，那真是"一失足成千古恨，再回首已百年身"。有些餐厅把九转大肠烧成半成品，放入冰箱，有人点菜再进蒸箱蒸热，勾芡浇汁，使此菜徒具其表，神髓尽失——餐厅也确实有苦衷，某些客人不懂美食，一味追求上菜速度，须知此菜既名"九转"，卖点就是慢工细活，厨师有炼丹之心，

▊操作厨师：于晓波

食客就绝不能猴急，否则大可去吃麦当劳。

以猪肠为主料的名菜，上海有草头圈子，四川有红烧肥肠，广东有卤水大肠——看来，厨师和食客不约而同地喜欢大肠。有人说饱和脂肪酸加热到一定程度就能转化为不饱和脂肪酸，我特地请教专家，答案是“很难，但有部分脂肪会从肠中溶入汤里”——这就够了，看来我们还能继续热爱猪肠，只要不喝用它煮的汤。

【九转】

此菜创制于清朝光绪初年济南九华林饭庄，由于在烹制过程中需要反复使用数种烹调方法，应用多种调味料精烧而成，工序繁复又须十足耐心，因此取道家炼丹的“九转”术语，起名为九转大肠。(见《中国烹饪百科全书》P298)

关键技术环节

精选猪大肠头，改刀成段。

沸水煮至八成熟，捞出沥干。

油锅中放入白糖，炒至棕红色，放入大肠。

大肠上色后，加入葱、姜、蒜，烹醋，再加酱油、白糖、清汤，以小火㸆烧至汤汁将尽时，加入胡椒粉、香油，收汁，出锅。

装盘后撒上香菜末。

厨师心得

九转大肠有两种做法，烟台福山地区不炸，直接以小火㸆烧入味，同和居就是这种做法。而济南帮，则将大肠炸过再烧。

如今很多家常菜馆，采用“套肠”的出品形式，即将细肠套在大肠里面，只为充数，实不可取。

▌操作厨师：张少刚

锅塌豆腐

锅塌豆腐是一道有意思的名菜——中火少油，不炸而煎，然后再用慢火把汤汁收入原料，非常具有家常风味，要求专业厨师以家庭主妇的耐心料理极为平常的豆腐。如今市售的锅塌豆腐多数已经改煎为炸，固然省事，但同一种原料，煎出来比炸的就是香，而且油的渗入较少，不腻；再加上懒于吊汤，以味精、鸡精提味，此菜的两道防线俱都失守，与普通的烧豆腐没有多大区别，意味尽失了。当然，如果悉遵古法炮制此菜，售价一定不菲，又会有多少人舍得出大价钱买一盘豆腐吃呢？

此菜从山东传入北京以后，产生了改良版。山东本地原始的做法，以两片豆腐夹上虾肉馅，再挂糊烹制，内容实实在在，豆腐借上了虾的味道、口感，也容易好吃。北京的厨师大胆取消了虾肉馅，只用一块豆腐，无从借味，全靠厨师的手艺将鸡清汤缓缓收入，难度提高，境界也大为提升。

豆腐，属于袁枚所谓"无味者使之入"的食材，而且质地也不会给口腔带来特别的刺激，换言之，全无个性，只有靠厨师的高深技艺才有可能成为美味。这是另一类考校厨师水平的食材，依我的愚见，会烧鱼翅、鲍鱼不算本事，把白菜、豆腐烧出味道来才是大师。当然，这种豆腐、白菜也要有合格的食客欣赏，明白技术难点、靓点，能理解厨师的匠心，有一定的文化素养，懂得什么叫格调，什么是清淡、隽永、有余不尽之味。

【㸆】

"㸆"，又名"锅㸆"，是鲁菜特有的烹饪技法。是将质地软嫩的动植物原料加工成扁平状，挂全蛋糊或拍粉拖蛋糊，以少量温油中火煎成两面金黄，再加少量调味品和清汤，慢慢使之回软并把汤汁收尽。操作时为保证两面受热一致又不破坏原料形状和外面裹的蛋糊，可用大翻勺使原料完整翻转。成菜口味咸鲜为主，色泽黄亮，软嫩香鲜。

豆腐、菠菜、蒲菜、黄鱼、里脊尽皆可㸆。

关键技术环节

将豆腐切成长方片，用盐、胡椒粉、料酒腌少许时间，可去其豆腥。

腌好的豆腐挂糊，先蘸面粉，再蘸蛋黄液。

豆腐放入平底锅煎至两面金黄。

剩下的蛋黄和蛋清打匀，下锅炒熟。

往炒好的鸡蛋中加鸡汤，大火煮至汤量够㸆豆腐即可。

底油煸炒葱、姜丝，将豆腐推入锅中，再放入煮炒鸡蛋的白汤，加入少许盐、一点生抽、料酒、姜水，小火㸆5分钟（时间长，豆腐表面的糊易散）。

汤汁收至将尽，盛出豆腐，将余汁浇在豆腐上。

出锅前淋少许香油。

厨师心得

过去多用卤水豆腐，现在则用石膏点的有韧性的南豆腐，没有卤水的味道，更易于呈现美味。

扒龙须菜

2013 年春风驶荡的时节，去波尔多考察鱼子酱的生产，最大的收获却是吃到了当令的新鲜白芦笋——最肥的比大拇指还粗，当地只是白煮，浇一点奶油汁，细嫩而带轻轻的一点脆劲儿，甜美多汁（某一株的尖端偶尔微苦，无伤大雅），入口略嚼即化，却与春笋尖、茭白、蒲菜、芦蒿、山药不同，使牙龈有一种特殊的快感，除非吃过，难以言传。吉伦特河边的早市上它更是主角，一捆捆的摆在最显眼的地方，长约尺许，嫩尖上带一抹淡淡的紫色，衬得茎部越发雪白耀眼，望之使人垂涎。

中餐也用芦笋入馔，美其名曰"龙须菜"。梁实秋先生记载他尝试过的中式吃法有：龙须菜配鲍鱼片冷盘（都是罐头货）、上海的火腿丝炒新鲜龙须菜、北平东兴楼和致美斋的糟鸭泥烩龙须。第二款写明是绿芦笋，另外两款我相信是白的。老先生尤其赞赏最后一款，以为"两种美味的混和乃成异味"。不知何故，梁先生没有提到当年鲁菜的"名件"——扒龙须菜。

扒菜在鲁菜中独树一帜，地位崇高，因为许多大菜如鱼翅之类是要"扒"的；而且"扒"要求厨师有真功夫，没有传授、未经苦练根本无从下手。鲁菜厨房有一种专用的扒锅——比一般炒勺口大而浅，用它来做"大翻勺"——使锅里的食材一百八十度大翻身，还不能破

▋操作厨师：张少刚

坏已经码好的菜品造型；装盘都有特别的手法，称为"拖倒"，也是为了保证翻勺后的形态，外行一想也知道难度极大。当然，扒菜也有"偷手"——上述技法专业称为"勺内扒"，还有"勺外扒"，只需将食材在盘中码好，蒸熟，再勾一芡汁，浇上即成——如今的扒菜多用此法，食材紧贴食材，芡汁无从渗入，滋味可想而知。

我爱此菜，以其本色示人，软嫩入味，清新淡雅，风格与时下常见的色重味咸、大油厚芡的所谓"鲁菜"截然不同，足以为鲁菜正名耳。

【龙须菜与芦笋】

天坛"龙须菜"是清代北京有名的时鲜，如今早已销声匿迹，无从考证是否就是土生土长的白芦笋了。齐如山先生以为北京的所谓"龙须菜"是野生蕨菜，与"西洋龙须菜"是两回事（《华北的农村》，辽宁教育出版社 2007 年版），但未做详细的考据，只能录以备考。

芦笋属天门冬科，学名石刁柏，原产欧亚大陆，有绿、紫、白三色，古希腊、罗马时代就是备受珍视的美味。由于必须手工采收，价格本不低廉；白芦笋由于需要人工培土覆盖，以防止光合作用使色泽变绿、纤维变老，采收时还必须从地下割断、挖出，考虑到欧洲的人工费，其滋味又远胜有色品种，价值更加不菲。

🍳 关键技术环节

芦笋飞水，码盘。
锅内放葱油，下入清汤，加盐、少许糖调好底味。
将芦笋平推入锅内，淋薄芡，定型后打明油，翻勺，出锅。

♥ 厨师心得

这道菜的原料过去多选罐头白芦笋，自然不如鲜品美味；但因其时令性强，只在春天一季应市，其他季节也可以用肥嫩的绿芦笋削去老皮替代。

▌操作厨师：王小明

烩乌鱼蛋

有一年春节，我去老字号同和居吃饭，经理主动提出要送我一道菜，我特意点了烩乌鱼蛋——这道菜和同和居另一道看家菜三不粘一样，都是早年间山东馆的"外敬菜"，免费送给熟客品尝以示尊敬，特点是原料不贵或者干脆是下脚料，但考校厨师的功夫，当然，还要美味。

梁实秋先生著有短文《乌鱼钱》，道是"俗谓乌鱼蛋，因蛋字不雅，以其小小圆圆薄薄的形状似制钱，故称乌鱼钱"。这倒符合北京地区在菜名问题上一贯回避"蛋"字的传统，如摊鸡蛋叫摊黄菜，鸡蛋炒肉片叫木樨肉，鸡蛋汤叫高汤甩果等等，如今这一点已经不那么讲究了，您要真去餐厅点"烩乌鱼钱"，服务员很可能报之以一脸茫然。

做这道菜一定要有好汤打底，乌鱼蛋本身无味，汤不好，一切无从谈起。

乌鱼蛋讲究要大小基本一致，有边缘泛黄的、破碎的一概剔除。

勾芡要稀稠适度，使乌鱼蛋在汤中上下均匀分布，载沉载浮，既不能沉底，也不能都浮在表面。

最后撒在汤面上的香菜末一定只能用梗，不能掺杂叶子在内——一来香菜的清香味集中在梗上，叶子便有一种很多人不喜欢的"臭味"；二来梗上的水分很容易吸净，而叶片上难免存有冷水，搅入汤中，多好的汤都算白吊了。

最重要的是"三吱儿"——汤一上桌，舀入调羹，连吸三口，要出声。如果第一口就酸辣适中，那就是胡椒粉放多了，胡椒的特点是越吃越辣，喝到后来嘴里就剩下辣味了，而喝不出汤的鲜味。标准的口味是头两口都是酸味超过辣味，第三口刚好酸辣平衡，这才显出厨师的水平——这个窍门是北京鲁菜大师王义均先生亲自教给我的，老辈厨师关注细节的风范，如今已是凤毛麟角了。

【乌鱼蛋】

即乌贼（俗称墨斗鱼）的缠卵腺，呈椭圆形，外面裹着一层半透明的薄皮（即脂皮），里面则是紧贴在一起的白色小圆片，即乌鱼钱，含有大量蛋白质，产于中国山东青岛等地。（见《中国菜谱·北京》P120）

关键技术环节

盐渍乌鱼蛋用温水清洗处理，剥去脂皮，放入冷水中上火烧开，关火浸泡5-6小时。取出乌鱼蛋，一片片揭开，再放进冷水锅中上火烧至八成热时，换冷水再烧。如此反复几次，以去除其咸腥味。

将乌鱼蛋放入鸡清汤中，置于旺火烧开，加入酱油、绍酒、姜汁和精盐调味，待汤烧开后，打入湿淀粉，勾芡（一定要掌握好稀稠度）。

出锅前放入醋和胡椒粉，翻搅几下即可。盛入碗中后，撒上香菜梗末。

厨师心得

通常所说的"盐渍乌鱼蛋"，是为了保鲜而经过处理的乌鱼蛋——将鲜墨鱼的缠卵腺割下来，用食盐和少量明矾混合液腌制，使其脱水，并使蛋白质凝固。因此，在烩制此菜前，一定要对乌鱼蛋彻底清洗以去咸腥。

此菜成败决定于是不是用好汤。

奶汤银肺

中国人夸一道菜好吃，往往会说"真鲜"。全世界很少有像中国人这样特别追求鲜味的烹饪艺术。欧美人吃生蚝，说它有金属味儿、榛子味儿、大海的味道；中国人一吃，第一个反应是："真鲜！"

追求鲜味的主要方法有两个：最简单最直接的是努力提高食材的新鲜度，食材越新鲜菜肴的味道就越鲜美——这是"有味者使之出"，要想"无味者使之入"，就要在烹制过程中加入特制的汤来增加鲜味。这种汤是特别制作的，主要用于调味或作汤羹的基础原料，一般不会作为一道独立的菜品端上餐桌。

鲁菜在中国所有的菜系中最重视汤的调制、使用。常见的汤有清汤、奶汤、毛汤（比较低级的高汤），其余如鱼浓汤、素汤、三套汤用处较少，如今也不常见了。制清汤和奶汤的原料大同小异，区别主要在工艺，清汤开锅后要改文火，最后还要"扫汤"，使之清澈如水；奶汤则一直用旺火，使原料中的可溶性蛋白外溢，这些蛋白分子在沸汤中不断相撞，聚合成白色微粒，使汤像牛奶一样雪白浓厚，口味醇鲜。

清汤在很多菜系都能见到，奶汤似乎为鲁菜所独有，使用奶汤的菜品也丰富多样，除了银肺之外，汤菜有奶汤蒲菜、奶汤海参、奶汤鳜鱼、奶汤三鲜、奶汤什锦，还有扒菜，如白扒蹄筋、白扒鲍鱼、扒口蘑、海米扒油菜等。如今这些菜品多数难以见到，偶尔遭遇，

操作厨师：王小明

奶汤也大失水准，居然还有笨伯真往汤里加牛奶的。

在没有味精的时代，汤是餐厅厨房必备的重要调味品，其作用，不是赋予食材吊汤用的鸡、鸭、猪肘的味道，而是适度使用，使食材变得更加鲜美——这本来是中餐独有的长处，但"成也萧何，败也萧何"，制汤的成本太高，到味精"挑帘出场"，方便廉价，几乎是一举取高汤而代之，传统中餐的好日子也就快到头了。

【银肺】

猪肺用清水反复灌洗多次后，呈银白色，故名银肺。（见《中国烹饪百科全书》P401）

对猪肺进行清洗处理是一道烦琐的工序，不比制汤简单。以猪肺的肺管对准水龙头灌水，待胀起后平放在案上，使血水自行流尽，如此灌洗 5-6 遍，用刀划破肺身，使水流尽，呈白色。

关键技术环节

洗：反复灌水清洗猪肺。

煮：剖开净肺，加葱、姜、料酒、胡椒粉，水煮 1 个小时，撇去血沫。

掰：捞出，剥皮，去肺管，手工剔除大小细管，将猪肺掰成小块。

飞水：再一次加葱、姜、料酒，飞水。

蒸：将银肺捞出沥净，放入奶汤，加葱、姜、料酒、盐，隔水蒸 1 小时后取出，弃去葱、姜，滗去汤汁。

制汤：炒锅中放葱油烧热，倒入奶汤，放入口蘑片、白菜心、冬笋片，煮沸，加精盐、姜汁调味，盛入汤碗。

烧：蒸好的银肺下锅，加葱、姜、料酒，烧 5 分钟，勾芡，倒入汤碗，放上火腿片。

厨师心得

一定要选用鲜猪肺，绝不能进冰箱。一份菜需要两个肺。

银肺的处理过程非常麻烦，已经很少有人做这道菜了。

▌操作厨师：于晓波

拔丝山药

我孤陋寡闻，除了中餐、日餐，没见过其他国家的厨师以山药入馔的。

中国人吃山药的历史很早，由于薯、芋等块根、块茎类植物容易种植，产量高，烹饪简便（抛入火中烘烤即可），富含淀粉，曾是早期人类的重要主食。山药古称薯蓣，又称山芋、玉延、薯药、山薯、白苕，别名多，与两次改名有关：第一次为避唐代宗李豫讳，改称薯药；后因宋英宗名赵曙，又改称山药。后世有些帝王头脑清楚，给儿子起名专用生僻字眼，以免影响百姓生活——连吃个山药都不得安宁，还不知道背地里怎样骂昏君呢。

山药的妙处一是色白如雪，而且熟后半透明，玉白脂润；二是富含黏液，口感幼滑。这两个特点决定了它特别适合做甜菜——咸着吃也不犯法，只是埋没了它的长处，显得平淡无奇而已。

世界各国都有自己特有的甜食，料理"糖活"的技巧也五彩缤纷，像鲁菜这样热食的"拔丝"却独一无二。在鲁菜名厨手里，可以拔丝的食材多得很——山药、红薯、土豆、苹果、樱桃、莲子、橘瓣、葡萄、豆沙，甚至冰淇淋、肥猪肉。在上世纪八九十年代之前，白糖曾是生活中的奢侈品，妇女"坐月子"的营养品不过是鸡蛋、红糖，农村老太太一辈子就是爱喝个白糖水，上海地区家里来了贵客要上一碗加糖的酒酿水泼蛋，富贵如《红楼梦》里大观园的薛宝钗送林黛玉燕窝附带一包白糖，曹雪芹也要大书特书，"拔丝"之类的甜菜受到重视和欢迎也就不足为怪了。如今时兴减肥，一般餐厅的菜单上也就难觅"拔丝"的踪迹，何况它对厨师而言还有一点难度呢？

　　拔丝山药最早见诸清人薛宝辰著《素食说略》，做法与今人无大异，唯强调要用冰糖，"以白糖炒之，则无丝也"，如今却多用绵白糖，不知何故？薛著又云："京师庖人喜为之"，说明这种烹饪技法清末已经在北京风行了。

【炒糖】

　　炒糖，也即熬糖液，是制作拔丝的主要技术关键，炒时过火或欠火均不能出丝。常用的炒糖方法有两种：油炒和水炒。

　　油炒法，要求油与糖的比例为油刚好浸没糖，油多原料裹不上糖，油少原料裹糖又不均匀。油、糖下锅后以小火加热，不停推动，至糖全部溶化。

　　水炒法，糖与水比例约为 3:1，水、糖下锅后以中小火加热，不停搅动使其受热均匀，但勿过快。此时锅中先出大泡，搅动犹如清水，很快转向稠黏，再搅几下，待大泡变小泡后，不必再搅动，只等糖液变稀、色变深、小泡形成泡沫、舀起糖液倒回锅中有清脆的"哗哗"声，即可投入炸好的主料了。（见《中国烹饪百科全书》P9）

关键技术环节

　　山药洗净，去皮，切滚刀块。

　　山药下锅油炸，至金黄熟透后捞出沥油。

　　将山药迅速放入炒热起泡的糖液中，翻炒出锅。

　　外带一小碗凉开水——将山药拔出丝后蘸一下凉水，使之降温、变脆再吃，口感更佳。

厨师心得

　　炒糖时，要求开始火热，糖化后改用低温，炒制 15-20 秒，淡黄起泡即可。

　　主料炸制和炒糖必须同时完成，无论谁先谁后，都将影响拔丝效果和成品质量。

第 2 章 苏菜

JIANGSU CUISINE

▌操作厨师：张书超

清炒河虾仁

　　世界上最难烧的菜有两大类，一种是独沽一味，没有任何配料，清楚明白，无从假借；另一种是大杂烩，集多种食材于一炉，不清不楚，一塌糊涂。清炒虾仁属于前者，虽然算不上了不起的珍味，但想吃到合格的出品却大难——盖一盘之内只有虾仁，新鲜与否、口味咸淡、火候老嫩，一吃便知，厨师的诚意和手艺一目了然，无所逃于天地之间。

　　首先，选料最是要紧，必得用河虾，还要手工活剥——如今除了苏州，肯下这份功夫的人委实少见。于是冰冻的货色隆重登场（无论多好的虾仁一经冰冻，即可宣告食材品质已经完结），还有用海虾充数的，那就更是自郐而下了（海虾并没什么不好，如果够新鲜，大小也合适，油焖、炸烹都不错，只是用来做清炒虾仁口感、味道都远逊河虾，这就像从来没听说有人用梭子蟹来做炒蟹粉一样）。只有活剥的虾仁炒出来才有鲜味和略带弹性的口感。

　　其次，要用猪油炒，炒出来色泽白亮，吃口也腴美润滑——时下烧菜讲究健康，于是改用素油，颜色就黯淡了不少，口感、香味也要差一些。吴门人家的手法是"老尺加三"，事先用小一点的河虾熬出虾油，以此油烹炒虾仁，香气之浓、滋味之美，在我吃过的炒虾仁中堪称翘楚。

虾仁下锅之前是要上浆的，炒出来却要干净利落，粒粒分开，不能拉拉扯扯，纠缠不清；白中带粉，大小均匀；鲜嫩香滑，结实而稍有弹性，趁热食之，不仅味道诱人，质地之美也能给口腔带来特有的快感和享受。

【河虾】

各种淡水产虾的统称。主要包括米虾、白虾、沼虾等，以沼虾的烹调应用为最广泛。

沼虾俗称青虾，体青绿色，有的并带有棕色斑纹，分布于各地河湖，以白洋淀、微山湖、太湖所产最佳，4-9月为上市旺季。烹调应用以鲜活者为佳，要求体形完整，头、足不脱落，肉紧密而有韧性。可生炝、酒醉，也可制作盐水虾、油爆虾等；去头和甲壳后的完整虾肉，称为虾仁，可制作清炒虾仁。（见《中国烹饪百科全书》P223）

☕ 关键技术环节

太湖产新鲜河虾，剥壳洗净后吸干虾身的水分。

用鸡蛋清、精盐、绍酒及干淀粉，给虾仁上浆。

炒锅内放入用新鲜小河虾熬制的虾油，烧至四成热，下虾仁，用铁勺划散，待虾仁变白后捞出沥油。

锅中留少许油，将虾仁放入，烹入绍酒，少量湿淀粉勾芡，翻炒几下出锅。

◎ 厨师心得

鲜活河虾仁要当时剥当时炒，这样虾肉才有甜味。

传统做法用的是熟猪油，"吴门人家"改用带皮新鲜小河虾熬制的虾油（按虾与油1:2的比例，用小火慢熬半小时）来清炒，此属清代"官府菜"做法。

芙蓉蟹粉

河蟹是美味的极致，全世界数下来大约也只有中国人喜欢，讲究饮馔之道细微之处犹胜华夏的日本人吃起海蟹来一套一套的，却没有吃河蟹的传统。河蟹又是所有美食中吃起来最麻烦的，最标准也是最好的吃法是整只清蒸，食客必须自己动手，即剥即食，乐在其中，就像涮羊肉一样是别人无法代劳的——这颇需要一点耐心和一双巧手，否则吃相难看还在其次，冤枉的是糊里糊涂吃了一嘴蟹壳渣子，根本无从体会蟹的美妙之处。我真见过不止一位朋友不会剥蟹的，只好去请教蟹粉了。

蟹粉本身不贵不贱，却能"百搭"，贵可配鱼翅、鱼肚，廉可配干丝、小笼包，荤可配狮子头，素可配菜心、豆腐。略加点染，即刻点铁成金，当然，身价也要涨一点的。

蟹粉一定要以活蟹现蒸现拆现用，隔夜或进过冰箱就算完蛋，更不能用罐头或批发的速冻货色；由于原料是纯粹的脂肪、胆固醇、蛋白质，肥厚无比，所以要想方设法保证出品不腻；蟹的香味中含有腥的成分，当然要加足够的姜祛腥，但又不能吃出姜的辛辣。

芙蓉蟹粉妙在蟹粉中蟹膏、蟹黄之多已经接近"秃黄油"（只取蟹黄和蟹膏烧制的菜肴，"秃"是苏州方言，意为"只有""独有"），却肥而不腻，腴而能爽，既没有大量的姜末掺杂其中，也不用醋来解腻

▌操作厨师：张书超

祛腥，却只是一味的香鲜醇厚。此菜以"芙蓉"——滑炒得极嫩的蛋清（鸡蛋清是中餐常用辅料，可蒸、可炒、可熘，往往美其名曰"芙蓉"）围边，入口爽滑软嫩，火候恰好，与蟹粉搭配，无论色泽、味道、口感，皆得红花绿叶之妙。

【拆蟹粉】

将蟹洗净蒸熟，取出冷却后，掰下蟹腿、蟹钳；打开脐，用开蟹刀挖出小黄，剥开蟹斗，去掉鳃，刮下蟹黄，去掉蟹肉上的一块脐污；用刀沿中缝将蟹劈成两半，用竹扦剔下蟹肉；再用剪刀剪去蟹腿两头节骱，用圆木棍滚压，挤出肉；最后再剔出蟹钳肉。（见《中国菜谱·江苏》P302）

关键技术环节

芙蓉：鸡蛋清加高汤、生粉一起打散，油烧至六成热，将蛋液下入，过油滑炒，成形后推入盘中。

蟹粉：热锅下油烧至四成热，将葱末炸香，放入蟹粉，轻轻炒和，加绍酒、白糖、精盐、姜汁水、高汤，烧沸后盖盖，改小火焖约 2 分钟；再改大火，加湿淀粉勾薄芡，炒和出锅，盛在芙蓉上即可。

厨师心得

此菜讲究芙蓉滑嫩爽口，蟹粉香而不腥。做法其实很简单，关键就在于食材的新鲜。以 11-12 月份起西北风时打捞上来的河蟹最好，一定要用活蟹蒸熟再拆，这样拆出的蟹粉才新鲜而富有弹性。

芙蓉的炒法各地不同，苏州炒芙蓉，就是将鸡蛋清加高汤和生粉打散后，过油滑；而扬州炒芙蓉，是要将蛋清打发，再过油滑炒成柳叶片状。

▌操作厨师：陈万庆

拆烩鲢鱼头

中国人对鱼头的热爱，除了日本人，其他民族罕有其匹。浙江有砂锅鱼头豆腐，湖南有剁椒鱼头，广东有郊外大鱼头，若论制作难度，无过淮扬拆烩鲢鱼头者。

吃淡水鱼头，首推胖头鱼，又名花鲢，学名鳙鱼，无他，取其头肥大耳。花鲢都是人工养殖的，先民很早就发明了人工养鱼，传说范蠡弃官而逃，携西施泛舟五湖，经商致富，其中一个手段就是养鱼，还留下《陶朱公养鱼经》一部，后人遂推陶朱公为"种鱼术"的始祖。学者考证的结果却没有如此浪漫，认为此书系汉代人伪托；青、草、鲢、鳙"四大家鱼"的出现是唐代的事情。

小时候吃鱼，只知道往肉多刺少处下筷子，看大人将一个鱼头吃得津津有味，委实不解（还不许小孩吃鱼子，说是吃多了长大不识数，至今不知道是什么道理）。直到有机会吃过天目湖大鱼头，才学会领略其中妙处。

鱼头之美，首推鱼唇，丰腴润滑；其次"鱼脑"，玉髓琼膏；再次鱼眼下边，一弯"月牙"，脂腻细嫩；鱼鳃内侧一脔活肉连接胸鳍上端，既柔嫩又有纤维质感，堪比蟹螯。

吃鱼头最好去长江流域，再往南也好；北地养鱼多为土坑、死水，一味追求速成，即便是水库散养，也有一种特有的"土腥味"，使人胃口大坏。

将鱼头拆散、去骨，用鸡汤烩，只有扬州盐商才想得出这种吃法，固然刁钻促狭，却比只知道攀比鱼翅翅针粗长、鲍鱼个头大小的人品位高出太多了。

【白烩】

将几种原料混合在一起，加汤和调味品（不加酱油等有色调味料），用旺火烧沸至主料浓烂时，勾入薄芡制成菜的烹调手法。（见《中国烹饪百科全书》P260）

关键技术环节

拆骨：花鲢鱼头用刀劈成两爿，鱼脸皮不断，去腮，下入冷水，水温烧至 80-90℃，煮 20 分钟，至鱼肉离骨。将鱼头捞出放入冷水中，手平托拆骨，鱼嘴等前半部分的骨保留。

定碗：笋片、火腿片、胡萝卜片相叠码放在碗底，鱼脸朝下放在上面，再放上少量鱼腹肉；取鸡清汤，加胡椒、盐、料酒调味，注入碗中浸过鱼肉，上锅蒸软入味。

装盘：将蒸碗从锅中取出，滗去汤汁留用，将鱼头反扣入盘中。

浇汁：蒸鱼原汤倒入热锅，加盐、水淀粉，勾薄芡，起锅前淋少许熟猪油，撒上白胡椒粉。将芡汁浇在鱼头上，围上青菜心，即可。

厨师心得

此菜以现拆现烩为好。传统的白烩做法是将鱼头拆骨后，直接放入鸡清汤中，加配料、调味料烧至软烂，勾芡出锅。现在为了保持菜形齐整，多用定碗上锅蒸的方式。

松鼠鳜鱼

松鼠鳜鱼是苏州第一名菜。

这道菜从烹饪技巧方面主要考验厨师三项功夫：整鱼剔骨，剞出菱形刀纹，深至鱼皮而保持鱼皮完整；将鱼炸成松鼠形，鱼肉金黄，外脆里松；调味做到酸甜适口，底味有咸味而不显，使甜味不腻，酸味不浮。一道菜刀工、火候、调味都有相当难度，第一名菜确实不是浪得虚名。

中餐烹调有一个习惯——故意把一些本来脂肪含量高的食材或油炸的菜点烧成酸甜或甜味，比如北京的抓炒里脊、淮扬的樱桃肉、四川的甜烧白、广东的咕噜肉、上海的八宝饭、宁波的汤团、苏州的猪油年糕等等，不是以咸而是以甜来解决油腻的问题，使人食之有味。法国肥鹅肝的传统吃法与之类似——配果酱和非常甜的充满鲜花、水果、蜂蜜、蜜饯、坚果香味的波尔多苏玳（Sauternes）贵腐甜酒。

这类菜点之所以广受欢迎，恐怕与相当长的历史时期内国人连吃精米白面都视为奢侈行为，日常饮食缺乏油水有关，好容易下一次馆子，当然多取香肥甜腻、膏粱厚味，纵情大嚼，饫甘餍肥，才能从生理到心理都得到充分满足。不说别人，我在四十岁以前岂止是无肉不饱，简直是无肉不欢，尤其热爱五花肉和蹄髈的各种不同吃法。二十三岁第一次去苏州，登上松鹤楼首选也是一条松鼠鳜鱼，吃得痛

操作厨师：陈军

快淋漓。如今即使遇到厨师精工细作的油炸或甜味菜点，也是浅尝辄止了，这和年龄、胃口、血脂含量都有点关系吧。

　　有人以健康为理由，认为这类重油重糖的菜点应该改良，我以为大可不必——这些"作品"从美食角度看经典、完美得无懈可击，"少吃几口"就是最好也最简单的"改良"；况且，在烹饪艺术层面，后人远没有达到前人的创作功力和审美能力，何必佛头着粪，妄作更张？

【松鼠鳜鱼】

　　传说这是乾隆皇帝下江南，厨师给他做过的一道菜。江南流传着"头昂尾巴翘，色泽逗人笑，形似小松鼠，浇卤滋滋叫"的顺口溜，用来形容此菜的味与形再合适不过了。

👋 关键技术环节

　　活鳜鱼治净，齐胸鳍切下鱼头，剖开平铺；刀沿脊骨两侧平批至鱼尾，除去脊骨，鱼皮朝下，剔去胸刺；在鱼肉上，先每隔 1 厘米剞直刀，再每隔 3 厘米剞斜刀，深至鱼皮不破皮。以姜汁水、盐码底味，涂抹鱼头和鱼肉，蘸干淀粉。

　　热锅下油，烧至八成热，将两只鱼肉翻转翘起鱼尾呈松鼠形，提着鱼尾将鱼下入油锅，炸约 20 秒至鱼定型后捞出；待油温再至八成热时，复炸，连鱼头一起，炸至金黄，装盘。

　　复炸的同时，在另一灶上将油锅烧热，虾仁滑熟捞出，葱白炒香，加蒜末、番茄酱、肉汤，以糖、盐、白醋调味，湿淀粉勾芡，淋芝麻油起锅，浇鱼上，撒熟虾仁。

😋 厨师心得

　　此菜要做到外香脆、里鲜嫩，必须双灶同时操作——油炸的同时烧好卤汁（传统做法要加入笋丁、香菇丁、青豌豆等），同时起锅，浇汁。

清蒸白鱼

白鱼入贡，古已有之，《吴郡志》载："白鱼出太湖者胜，……隋时入贡洛阳。"清代满族人是东北土著，喜食松花江出产的白鱼。每年天寒地冻的时节，自然条件利于运输、保鲜，大量"关东货"就被运进北京。其中既有珍稀的鲟鳇鱼、熊掌，也有如今已不知为何物的龙猪、遑猪，还有现在常见的海参、鹿筋，也少不了人参、貂皮。这些"关东货"，帝王拿来赏赐大臣，亲友之间互相馈赠，市场上也搭棚售卖。松花江白鱼也属于"关东货"，且被视为珍馐，贡入内廷。

中国淡水鱼之美，历来以长江鱼鲜称胜，惜乎刀鱼多刺，河豚剧毒，鲥鱼美在鳞下脂肪而脊背肉粗老不堪食，虽皆为鱼中绝品而各有缺憾。白鱼却近乎完美无缺，在淡水鱼中是非常难得的——肉色雪白，肉质嫩滑，通体无细刺，可供大嚼；鱼头富于胶质，鲜香润滑，尤多滋味；肚裆（腹肉）腻若含膏，却不腻口；鱼鳍连着一窬活肉，口感仿佛蟹螯；鱼背肉质紧实而不粗硬；至于肉的鲜美，自不待言。

太湖盛产鱼鳖虾蟹，最著者号称"三白"——白鱼、白虾、银鱼耳。银鱼可以芙蓉（蛋白）炒、或加莼菜做羹；白虾可以醉，或盐水煮；白鱼则最宜清蒸。

这里说的清蒸是江南传统蒸法——仅用盐、黄酒、葱、姜，祛腥提鲜，充分展示白鱼本身的鲜美；有人觉得鱼肉较肥，先用盐爆腌一

下，第二天再蒸，使鱼肉更入味而且不腻，口感结实，我也喜欢。最
不能容忍的是豉油蒸——个人以为，这种蒸法更适合本身味道较浓
的海鱼，而用来蒸味淡的河鲜，原本的鲜味完全被浓重的豉油味掩
盖——还不是厨师自行调制而是工厂生产的"蒸鱼豉油"，简直是暴殄
天物！是可忍，孰不可忍！

　　白鱼在淡水鱼中是凶猛动物，以吃小鱼为生，据说最重的可达
二三十斤；不过，多年滥捕以后，如今在太湖能找到四五斤重的漏网
之鱼就算幸运了。也有人工养殖的货色，鱼小、肉软、多脂，还有一
股怪怪的味道，等于水中的"肉鸡"，既不中看，也不中吃。

【白鱼】

　　学名翘嘴红鲌，鲤科鱼类，俗称大白鱼、翘嘴白鱼、白鱼。体形长，下颌很
厚，口上翘。体背略呈青灰色，两侧银白。生长快，个体大，最大个体可达 10 公
斤，肉质白而细嫩，味美不腥。自然分布甚广，是我国黑龙江、长江、黄河、辽河
等干、支流及其附属湖泊中常见的淡水鱼类。

关键技术环节

　　将白鱼沿脊骨剖成两爿，各有半个头尾，鱼皮不断，两爿鱼表面各斜划几刀，
便于入味。
　　鱼平推入沸水中，烫去腥味，鱼皮朝上盛入盘中。
　　将火腿片、笋片、香菇码放在鱼身上，加入虾子、绍酒、盐、糖、鸡清汤及
葱、姜，上笼用旺火蒸 8 分钟即可。

厨师心得

　　传统苏式清蒸鱼做法，要盖上猪网油，现代人讲究口味清淡，已很少用了。
苏州家常蒸鱼时，夏季还习惯在鱼上淋少许糟油（太仓特产），冬季则会加些酒
糟，增加鱼的鲜香味道。

生炒甲鱼

　　此菜是见诸《随园食单》的——"生炒甲鱼:将甲鱼去骨,用麻油炮炒(即爆炒)之,加秋油一杯、鸡汁一杯。此真定魏太守家法也。"

　　中餐自古讲究药食同源,从小就常听大人说某种食材是"补"的,意谓特别有营养或食疗功能,如山药、莲子、鳝鱼、老母鸡汤之类,甲鱼则属于"大补"之列。

　　因为不容易酥烂,烹制甲鱼,多用炖、烧、蒸、焖等需要长时间慢火加热的办法;只有苏州厨师敢于生炒,这是需要一点勇气和功力的。另一种有胆色的做法是上海的冰糖甲鱼,因为甲鱼本身的腥味浓重,不易除净,所以湖南厨师炖甲鱼要加入大量的胡椒粒祛腥,而偏甜的味型最"擅长"衬托腥味,稍有不慎,满盘皆输。徐州将甲鱼与鸡同炖,命名为"霸王别姬"——汤是美味,意甚恶俗。

　　甲鱼的"吃头儿"主要在四只脚和裙边。鳖脚内都是细小的肌肉,一条条的,纵横交错,炖烂之后既滑且嫩,略带韧性,裹在丰富、黏滑的胶质中,给口腔带来特殊的触觉快感,非常惬意。裙边素来被认为是甲鱼身上最精华的部分,并没有特别的味道,完全以腴润、细腻、嫩滑的口感取胜;将之彻底从甲鱼身上剔下来,除去黑色的膜,以好汤煨之入味,古人称为"荤粉皮",是近乎奢侈的吃法。

　　甲鱼有一样奇怪之处，大小以一斤至一斤半为佳——过小，骨多肉少，肉虽嫩但香味不足；过大，肉质老硬，滋味不佳（见《中国烹饪百科全书》）。宋代洪迈是江西鄱阳人，他告诉高宗赵构"沙地马蹄鳖"是家乡特产，马蹄大小的甲鱼应该不到一斤，不知是否真的美味，也不知鄱阳湖如今还有此种出产吗？

【秋油】

　　秋油就是最好的酱油。二三十年前，苏北兴化、高邮、扬州，苏南镇江、南京一带，口语中仍然称酱油为秋油，只是近些年才逐渐用的少了。传统酱油是大豆、酵母和盐酿制的，大豆煮熟摊凉，拌入酵母菌块，一层盐一层料，逐层入酱缸慢慢成熟发酵。酱缸的中心留出深入缸底的洞，保持酱体的活性呼吸，便于观察。历经一年到三年，酱身已熟，渗出原汁酱油，用长柄竹筒舀出，称作"抽"，酱缸很大，总不能全倒出来吧，而且中间的酱油边抽边渗边卖，这也是过去酱园做零售生意的必然。酱缸的第一抽，称头抽，颜色艳，味最鲜美。秋天霜降后打开新缸，汲取头抽，即是秋油。（见"百度知道"）

关键技术环节

　　活甲鱼宰杀治净，斩成大小相同的八块。

　　入沸水氽过再冲洗，用钢丝刷搓掉上面的黑黏膜，去除甲鱼的腥味。

　　热锅热油，放入葱段、蒜瓣、姜片，炝锅爆香后，下入甲鱼翻炒，加高汤、火腿片、笋片，以少许酱油、绍酒调味，勾薄芡、撒胡椒粉出锅。

厨师心得

　　野生甲鱼老，炒的时间长，养殖的甲鱼更适合生炒。此菜讲究保持原料的咸鲜味，且不失镬气。酱油少许是为了让甲鱼既有酱香，又色泽清亮；蒜瓣能祛腥解腻。

操作厨师：陈万庆

炒软兜

有清一代，特重河工与漕运，其实这是两件密切相关的事情，河工要保证黄河不溃决、运河不淤塞，目的就是使江南的漕粮能够沿京杭运河顺利北上，以东南经济中心的财赋保证北方政治中心的运转和国防经费的支出。淮安府清江浦是黄河、运河、洪泽湖交汇之处，当时的淮河也通过洪泽湖汇入黄河，黄河不是现在这样从山东而是从苏北入海，清江浦自然成为河工的地理中心、漕运的咽喉所在。所以清廷特设南河总督驻节此地，每年拨款四百五十万两白银作为岁修经费，如遇决口，还可另外请款。而这笔巨款如果有三分之一用在工程上，官员们就算很有天良了。

其余部分无非用来挥霍，其中自然少不了吃——淮安能够与扬州一起孕育出大大有名的淮扬菜，这是一个主要原因。前人笔记中举凡追打活猪以取里脊、活炙鹅掌、活取鱼血之类的奇怪而残忍的吃法都出自河工庖厨，这是其穷奢极欲、暴珍天物不足取的一面，所以失传已久；但也有流传至今值得欣赏的，如鳝鱼的多种烹制方法（运河两岸筑堤，外石内泥，多孔隙，天然适合鳝鱼孳生）：炒软兜、大烧马鞍桥、炝虎尾、煨脐门等等等等，可以摆出一桌"全鳝席"。

其中炒软兜尤其是淮安菜的代表作：浅浅一盘，经过汆、焐、划、炒四道工序，加工精细，单取鱼背，乌亮润滑，蒜香浓郁，咸中微酸，鲜嫩异常，吃过一次，再难忘怀。

我是爱吃鳝鱼的，但对吃一整桌鳝鱼兴趣缺缺——筵席的安排要有韵律节奏，富于变化，也要尽量选取各种不同食材，既调剂口味，又保证营养，"全鳝席""全羊席""全鱼席"之类的传统其实是一种恶趣味。

注：此文主要参考了高阳著《古今食事·河工与盐商》（华夏出版社，2006年出版）。

【软兜】

专指鳝鱼背肉。其来历有三种不同说法：一是因氽制鳝鱼的旧法是将其用布兜扎起来，放在汤锅内氽熟；二是因成菜后，鱼肉软嫩，须以汤匙兜接着方能品尝；三是因鳝鱼两端下垂，如南方背抱小孩的兜带，故名。（见《中国烹饪百科全书》P80）

关键技术环节

氽：选江苏淮安产的笔杆粗细的鳝鱼，锅中放清水，加葱、姜、盐、醋，烧开后，将活鱼放入，用勺不时搅动，至鱼身卷起。

焐：将锅离火不揭盖，鳝鱼略焐后，用漏勺捞起，放入冷水中洗去黏液。

划：用竹刀片将鱼肚皮与背脊肉自头至尾划分开，再沿鱼脊骨与背肉划开，洗净，放入沸水中烫一下，捞出沥水。

炒：热锅放入熟猪油，蒜片爆香，倒入鳝鱼背肉翻炒，以酱油、绍酒、白糖、清汤和湿淀粉一起调稀勾芡，烹香醋，放入青韭炒散，淋明油，出锅撒上白胡椒粉。

厨师心得

此菜要求卤汁紧裹鳝肉，入口鲜嫩绵软。

炖生敲

长三角一带是中国讲求饮馔之道的重镇，以鳝鱼为主料的菜品繁多，尤以淮安所制称盛，一般人遂误以为鳝鱼菜皆出淮扬。其实大江南北，有河水处无不食鳝：如梁溪脆鳝，摆明了是无锡菜（梁溪为古代无锡的别称）；苏州的刺毛鳝筒机杼别出；上海响油鳝糊有大名，却源于徽州鳝糊；浙江杭州有虾爆鳝面。南京夸称京苏大菜，于此亦有佳构，炖生敲即为其代表作。

中餐命名菜品有一套自成体系的规律——常见的如动宾词组模式，先以动词标明烹饪技法，再用名词揭示菜品主料，红烧肉、清蒸鱼者流皆此类也；像炖生敲这样，以加工过程中的关键环节——"生敲"代指食材，使菜名中有两个动词而"隐藏"主料的，并不多见。

本书之所以收入此菜，主要是为了和时风唱唱反调。

近年流行烹制肉类之前先用苏打粉、嫩肉粉之类乱七八糟的玩意儿腌一下，开始还仅限于粤菜的干炒牛河之类，后来则无论哪个菜系、什么菜品一律胡来，至今我在中餐厅不敢点牛肉、牛排、牛仔骨，以免吃一嘴不知用什么炮制的如同橡胶的垃圾食品，后来居然发现上述腌料对宫保鸡丁、鱼香肉丝亦有"贡献"，那就真是"道高一尺，魔高一丈"，防不胜防了。

我对粤菜所知不多，以为"嫩肉"是其传统手法，看了广州美食

■操作厨师：吴镇华

家江太史后人江献珠女士的大作才知不然，江女士说："我最反对粤厨乱加化学腌料入牛肉，诸如小苏打、硼砂、松肉粉等等，致使牛肉本味全失，质地改变，口感溏滑，且带涩味，我宁可四出访寻品质上佳的牛肉，也不肯妄下手脚。"（见《钟鸣鼎食丛书4·热炒》）——真是知味者的至理名言，于我心有戚戚焉！

中餐为保证食材的嫩、滑、爽、脆——究其实是要求加热过程中食材的纤维成熟得均匀、适中并保有一定的含水量——发明了繁多的手法，从切断纤维的角度到剞花刀、上浆、温油滑、急火爆炒等等，等等，生敲是其中一种而已。一个合格的厨师大可以取精用弘，得心应手，不出于此而乞援于各种奇怪的添加剂实在是这个行业的末路。

【生敲】

烹制鳝肉前先用木棒敲击鳝肉。在此菜中特指"被木棒敲击过的鳝肉"。

关键技术环节

敲：选肥壮粗大的活鳝鱼，宰杀去头去骨，切斜方块，用刀背逐块在鳝肉面上排敲至肉质松软。

炸：鳝鱼下入八成热的油锅中炸3-4分钟，至肉色金黄捞出稍晾。再次放入八成热的油锅中，炸至水分耗干，肉色呈银灰色，表面起硬壳，捞出。

炖：取砂锅，加入高汤，将鳝鱼、五花肉和蒜一起放入汤中，烧沸后，改小火；炖至鳝肉发松时，放入酱油、绍酒、白糖，继续炖至酥烂。另起锅将蒜瓣入油炸香，倒入砂锅中即可。

厨师心得

此菜制作方法繁琐。如今已很少人再用传统的生敲方法，而是改在鳝肉上剞刀，使其更易炸透，达到酥而形整不碎、浓而醇厚不腻。另外，大蒜的作用也非常重要。

▌操作厨师：吴镇华

金陵盐水鸭

　　长江下游，水乡泽国，河湖纵横，养鸭食鸭之风，自古已然，尤以金陵为盛。兹举一例，可见金陵鸭馔对全国的影响——北京、广东、四川都有烤鸭，流行或与驻防的旗人嗜食烧烤有关，技法的发源地我以为必是南京：北京一直传说烤鸭是明成祖朱棣迁都时从南京带来；早年粤港两地售卖烧鸭以"金陵片皮大鸭"为号召；川菜称为堂（或"烫"）片鸭子是"姑姑筵"名菜，据说老板黄敬临曾供职光禄寺，烤鸭或许就这样从北京辗转入蜀，抗战时随"下江人"溯江而上也是可能性之一。

　　金陵鸭馔品类之丰也是国内首屈一指，完全可以开一桌"全鸭席"，且每多奇思妙想，如加汁金陵鸭之烤鸭斩块浇以"小糖醋卤"，珍珠鸭之整鸭出骨酿以肉茸、芡实先炸后焖，炖文武鸭之烧鸭与白鸭各半只拼成整鸭同炖，皆本地独有，思之使人垂涎。

　　盐水鸭在如此多姿多彩的鸭馔里并不显眼，却是历史悠久的经典。鸭子以桂花开时最为肥美，白下老饕皆讲究吃"桂花鸭"；鸭子天生有股骚味，肥了就容易油腻，太咸又无法入口，要使鸭子肥而不腻，鲜香入味，咸淡适中，略无腥膻之气，殊非易事，要有一锅"老卤"只是必要条件之一；整个加工过程，厨师必须处处精心，皮白肉嫩是基本要求，鸭毛难褪是有名的，而金陵治鸭要求头颈上也不许有一根杂毛出现。

　　我曾专程前往南京老店马祥兴品尝名菜"美人肝"（其实是炒鸭胰子），入口油腻，粗硬无味；反倒是一盘毫不起眼的盐水鸭，令人胃口大开，是我吃过的最精彩的一次。南京另有一家以治鸭著称的老店韩复兴，我试过它的盐水鸭，未见精彩；新出炉的鸭油烧饼分为咸、甜两味，层多而薄，既香且酥，油而不腻，当是南京特有的美味。

【制卤】

　　制卤是此菜的关键。

　　大锅置火上，清水中加盐，小茴、香叶、八角做成香料包放入水中，微火煮沸，待盐融化后，冷却即可。老卤中因为有了每次沉淀下的腌鸭血卤，而多了一种特殊的香味。腌鸭次数越多、年头越长，老卤就越浓越香。

🍲 关键技术环节

　　鸭治净：鸭子宰杀褪毛，斩去小翅和鸭掌，右翅窝下开口取出内脏，拉出气管和食管，洗净。

　　炒盐腌：八角、花椒、粗盐炒热后，涂抹鸭身，并将热盐塞入鸭颈和鸭腹，将鸭子放入容器，在恒温20℃的条件下，腌制2小时。

　　老卤渍：将盐腌的鸭子泡入老卤中，2小时后捞出，挂在通风处风干。

　　微火焖：锅中放清水、葱、姜，煮开后改微火，鸭子腹中塞入八角、桂皮，头朝下放入锅中，盖盖焖约20分钟后加火，待汤微开，揭盖，取出鸭子，将鸭腹中的汤沥入锅中；随后再将鸭子放回锅内，鸭肚内灌上热汤，盖盖再焖20分钟，即可取出沥干。

　　冰水浸：将鸭子放入冰水中冷却即成。

🍴 厨师心得

　　做盐水鸭，要选皮下脂肪少的鸭子，毛鸭重约3.8-4斤，以半野生放养的太湖鸭和樱桃谷鸭为佳。

　　好的老卤，至少要使用10年以上。每2个月要更换香料包一次，煮开再冷却，可持续反复使用。

叫花鸡

关于中国饮食的民间传说多数是不可靠的——或者妄攀名流显贵，以康熙、乾隆、慈禧中枪率最高；或者望文生义，牵强附会，叫花鸡就是后者的典型案例。

先民发明将食材用植物叶子或竹筒包裹之后烧制（可以再涂一层泥，也可以不涂）的烹饪方法，远在发明陶器之前（有了陶器，可以煮、蒸，就没必要如此麻烦了），懂得烧烤之后，与"石烹法"同时，无非觉得直接烧烤外表焦煳，水分流失，难以下咽，故而以"包烹法"料理之，何尝需要向什么叫花子学习？这道菜之所以如此命名，应该是一种幽默，嘲笑做法原始，好像叫花子在野外烧烤偷来的鸡而已。

我猜测，陶器的发明甚至可能与"包烹法"有关——经过相当多次包烹之后，会不会有聪明人想到既然黏土烧过之后会变成一层薄薄的硬壳，又不透水，用它烧制中空的容器以加热饮料和食物，岂不比石头（厚重，难以成型，热效率低）、木头（易燃）更好吗？

按传统，外包的泥是有讲究的，必须用绍兴黄酒坛的封口泥（另一种说法是常熟虞山脚下的黄泥更好），用之前还要研成细粉，筛去杂质，加料酒、盐、水调匀，揉成泥团，反复摔打使之上劲，这样"炼"过的泥才能将食材包裹严实，保证加热过程中不开裂。费了如许气力自然是有收获的，主要是鸡的汁液、香鲜味在加热过

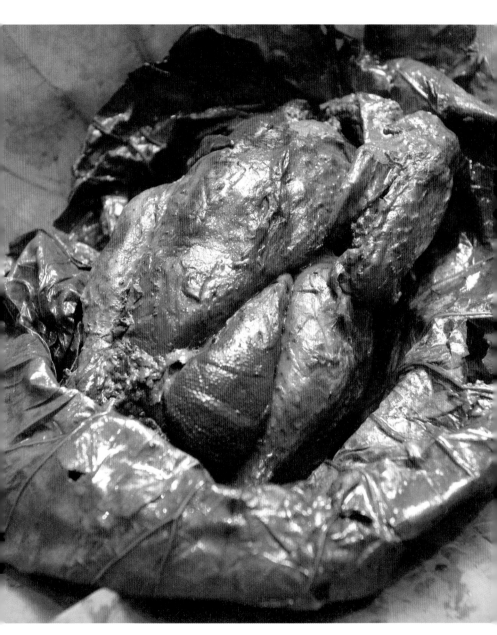

▌操作厨师：陈军

程中丝毫不会散失，上菜时原封上桌，当场敲碎泥壳，打开荷叶，香气四溢，颇为诱人。

　　此菜的热源原来是点燃的柴草或炭火堆，现在改成烤箱也就罢了；居然有人说外裹泥土，洋人觉得不卫生，遂以面团代替，这纯粹是多事——洋人天天离不开的奶酪、火腿、萨拉米肠生产过程中外表都长满了霉菌的绒毛，只是出厂前刷掉而已，还能看到遗留的"白霜"，吃之前并不加热，他们吃得不是一般的香；我们的叫花鸡加热后才吃，鸡、泥之间还有荷叶阻隔，有什么不卫生的？

关键技术环节

　　选常熟虞山当年母鸡，治净后，泡入香料水（以酱油、绍酒、丁香、八角、桂皮、白蔻、砂仁、大小茴香调制而成），一天一夜。

　　油烧至五成热，葱、姜、八角炒香后，放入虾仁、猪肉丁、鸡胗丁、香菇丁、火腿丁、莲子等炒匀，加酱油、白糖调味，炒制成八宝馅料，晾凉后填入鸡腹。

　　鸡上放一片肥肉皮（过去用猪网油），先用一张荷叶包裹好，外面包上一层保鲜纸，再包一层荷叶，用绳子扎成长圆形。

　　将酒坛泥碾成粉，加清水拌和起黏，以 1.5 厘米厚度平摊在湿布上，鸡放在中央，将湿布四角提起包裹住鸡，待泥完全紧粘后，揭去湿布。

　　将泥裹鸡放入炉火，温度控制在 100℃，烤制 3-4 小时。

　　烤好后取出，敲掉泥，打开荷叶和保鲜纸，淋上芝麻油即可。

厨师心得

　　现在的叫花鸡都用烤箱烤制，这样温度更好控制，先用高温烤 60 分钟，再用中温烤 80 分钟，最后低温烤 100 分钟即可。烤制前，可以用竹签在泥面上扎一个小孔，以防初烤时热气外出，致泥层破裂脱落。

▋操作厨师：陈万庆

清炖狮子头

　　狮子头堪称扬州第一名菜，而且确实符合名菜的主要特征：原料特别名贵或普通；加工精细，对刀工、火候有特殊要求；口感、味道极美，有不可替代性。

　　主料只是猪肉，但首先肥肉要够多，传统做法要求"七肥三瘦"，现在即使"减肥"也不能少于一半，否则烧熟之后一定是硬的；第二必须手工切粒，多切少斩，用绞馅、剁馅捅出来的那叫大丸子，跟狮子头没半毛钱关系；第三不能乱加蛋清、淀粉；第四火候一定要足，不然肯定腻口，成品又必须体量够大，形状完整。

　　上述种种，其实都是在考量厨师的耐心，有这个耐心，才有资格谈谈厨艺，不然的话蛮好去干点儿别的，不必在厨房瞎耽误工夫。

　　如此劳力劳心烧出来的狮子头有什么妙处呢？

　　口感是第一要义，一定要嫩、嫩到什么程度呢？就像传说中的那样，尽管是一个完整的狮子头，嫩得却仿佛南豆腐，拿筷子还真夹不起来，非得用汤匙才能吃进嘴里；虽然饱含脂肪，吃起来却是肥而不腻；汤亦醇鲜爽口。

　　费尽心机烧狮子头实际是为了解决两个矛盾：一是所有以肉碎、肉粒、肉泥为主料加工的菜品受热之后都会收缩变硬，扬州厨师偏偏要求嫩到入口即化；二是为了保证嫩必须加入大量肥肉，扬州厨师偏偏要求肥而不腻。

过去还要求随季节调整狮子头的辅料，清炖当然是夏天的吃法，初春时节可以加入河蚌，清明前后自然加笋，秋天一定掺入蟹粉，冬天则有风鸡狮子头，还有红烧啦、清蒸啦——想想古人的生活意境，真觉得我们的人生苍白、无趣。

【细切粗斩】

就是将肥瘦肉手工切丁，再略作斩剁。也有只细切而不斩、被称为一刀不斩的狮子头。讲求表面不那么光滑，有毛糙颗粒感。

关键技术环节

选猪肋条肉，肥瘦比例 7:3。

将肥瘦肉细切粗斩成"石榴米"（肉粒大小如石榴籽），加入葱姜汁（将葱白和姜拍松，一起放入碗中，加清水，浸泡 1 小时后，捞去葱、姜，即成葱姜汁）、绍酒、鸡汤和少量湿淀粉、精盐，搅匀上劲。

拌好的肉分成若干份，每一份肉都放在手掌中，用双手来回捣翻四五下，制成一手可握半的肉丸生胚。

砂锅底垫上白菜叶（起间隔、不煳底的作用），依次再码上焯过水的鸡肉、排骨、肉皮，加水煮沸，再将生胚逐个放入砂锅，盖上烫软的白菜叶。

加盖以大火烧沸，改微火烧炖约 2 小时后，中火略收稠汤汁即成。

厨师心得

扬州也称此菜为"葵花大砧肉"。当地做法中用来垫底的菜会选黄芽菜或大叶青菜，配着肥嫩的狮子头，吸油清口。新派做法会点适量酱油，以增香解腻；再有就是清炖之前先把肉丸用开水汆一下，去掉血水，使汤汁更加清亮。

肴肉

镇江三大怪："肴肉不当菜，香醋摆不坏，面锅里煮锅盖。"香醋不用多说，"煮锅盖"是小刀面，流传最广的却是肴肉（厨师都读作 xiāo 肉，不知是否和传统做法腌肉时要加入极少量的硝有关）。关于肴肉的来历又有一个牵强附会的传说，店家误用硝腌了猪蹄髈，结果歪打正着，创出美味；有人闻香而至，店家不敢出售，连呼"肴肉不当菜！"其实，这句话的本义指在镇江一带，肴肉原本和烫干丝一样，是喝早茶时的点心，而非正餐冷荤，如此而已。

但在镇江之外，肴肉往往只是菜单上的一道凉菜，这没什么不好，不能要求大家都去喝早茶，但至少要保证贵店经营的是比较接近真相的肴肉啊！传统的肴肉是用完整的猪前蹄（南方叫蹄髈，北方叫肘子）拆骨制作的，一直到切块之前，蹄髈都是完整的；如今市售肴肉多数都是用一层猪皮裹着碎肉块，缺少了皮和瘦肉之间的蹄筋、肥肉，甚至不知道用的是不是前肘肉，反正完全没有蹄髈肉特有的弹性——这基本是供货商提供的统货，批量生产，真空包装，厨房只负责切一下。但您老人家至少要会切呀！曾经专程去镇江一家老店品尝肴肉，味道并不见佳，但切法是对的，长近三寸，宽一寸多，厚约三分；如今多数餐厅都切得既薄且小，比邮票大点儿有限，哪里还有肴肉入口的丰腴饱满？吃肴肉一定要配姜丝和镇江香醋，有的地方连这点可怜的要求都无法满足。

平生吃过最好的肴肉是十多年前在上海南京东路扬州饭店：触目

操作厨师：陈万庆

色泽诱人,瘦肉火红,肥肉雪白,肉冻晶莹剔透;入口清爽酥润,毫无渣滓,醇厚鲜香,不腻不柴;既宽且厚,吃起来过瘾非常——看来"莫有财厨房"(扬州饭店前身,由莫德峻、莫有庚、莫有财、莫有源父子兄弟开设)的流风遗韵尚存一二;后来又去解馋,干脆连店面都找不到了。如今我也到了生理、心理都开始排斥肥肉的岁数,即便精彩的肴肉当前,也不会再有当年的好胃口了。悲夫!

【硝】

硝酸钾的俗称,属添加剂中的发色剂佐助原料。烹调中主要用于腌腊肉制品,或用于动物性原料码味,促使原料的肌纤维组织红润,色泽艳明;还有防腐、增加风味的作用。(见《中国烹饪百科全书》P642)

关键技术环节

猪前蹄髈去爪,刮洗干净,逐只用刀平剖开,剔骨去筋,皮朝上平放,在瘦肉上戳几个小孔,用硝水和粗盐涂抹均匀,腌制入味。

腌好后的蹄髈放入冷水浸泡、漂洗,皮朝上层叠平铺入锅,加葱段、姜片、花椒、八角煮沸后,改小火煮 1.5 小时,上下翻换煮至九成烂,出锅。

把蹄髈皮朝下装盆叠压,上面压上重物,20 分钟后,向盆里舀入煮蹄髈的原汤,再倒回锅里,将叠压出的油汁冲出。

将锅内的原汤煮沸,撇去浮油,将原汤灌入装蹄髈的盆内,淹过肉面,冷却凝冻。

将冻好的肴肉倒扣出盆,皮朝上,切成大小一致、厚薄均匀的片状,以姜丝、镇江香醋蘸食。

厨师心得

用硝涂在肉的表面,可以让肉色发红,肉味干香。但出于健康考虑,硝越来越少被使用。取而代之的是在腌制过程中把底味加重,同时加葡萄糖粉,让肉制品经过酶化过程,颜色保持鲜亮。但葡萄糖腌制出的肉,相较硝腌制出的肉,香味略逊一筹。

▌操作厨师：张书超

莼菜鲈鱼羹

我于散文，极爱《世说新语》，它纪录了中华文明一个辉煌灿烂的时代，书中随处闪烁着思想、精神、智慧、艺术的点点星光。日本诗僧有句云："一种风流吾最爱，六朝人物晚唐诗。"此语深获我心。

神交张翰即由此书——"张季鹰辟齐王东曹掾，在洛，见秋风起，因思吴中菰菜羹、鲈鱼脍，曰：'人生贵得适意尔，何能羁宦数千里以要名爵！'遂命驾便归。俄而齐王败，时人皆谓为见机。""时人"许为"见机"，以为"鲈脍"只是借口，须知最难的并非"见机"和好借口，而是有智慧有勇气有决断，潇洒地拂衣而去。古往今来，多少惊才绝艳、风云一时的人物明明知道"退一步海阔天空"，但就是不懂得（或不舍得？）急流勇退悬崖撒手，非到家破人亡身败名裂不止，东门黄犬，华亭鹤唳，不亦闻乎！这就更见得张翰的难能可贵了。

《晋书·张翰传》的记载大同小异，只是多了一样食物："翰因见秋风起，乃思吴中菰菜、莼羹、鲈鱼脍。"——"莼羹鲈脍"遂为江南美食的代表，"莼鲈之思"也成了每个游子的乡愁。

其实莼菜秋天并不当令，姑苏文人范烟桥也以为："二月莼初生，三月多嫩蕊，秋日虽亦有之，顾不及春莼之鲜美，故因秋风而动念，不过季鹰之托词耳。"

我从小吃的莼菜都是瓶装罐头，色固灰绿，清香、黏液消磨殆尽，无论加多少物料配合，总觉无味。直到去苏州西山农家食鲜莼，其鲜、其嫩，若有若无的清香，包裹嫩叶的一缕黏液，真如古人所谓"香脆柔滑，如鱼髓蟹脂。其品无得当者"，才晓得即便只为莼羹，归来也是值得的。

料理莼羹不难，只要一盆好汤，清鲜醇厚而不油腻，不干扰莼菜的本味；不可长时间炖煮，上桌款客之际才将焯过的莼菜倾入热汤，色味不失，方妙。

【莼菜】

属睡莲科莼菜属，为多年生水生宿根草本植物。原产于中国，主要分布于长江以南的江苏太湖、浙江萧山湘湖、杭州西湖等地区。

莼菜入馔多取其嫩茎叶，以春夏两季的莼菜为嫩，具有色绿、脆嫩、清香的特点，可以和鱼、鸡、虾、肉、鲜贝、蘑菇、面筋、腐竹等相配。(见《中国烹饪百科全书》P91)

关键技术环节

鲈鱼肉切丝，用鸡蛋清、精盐、湿淀粉上浆。

热锅烧油至五成热，放入鲈鱼丝，轻轻拨散，至鱼丝呈乳白色，捞出沥油。

锅中舀入鸡清汤烧沸，依次下入火腿丝、嫩豆腐丝、鲈鱼丝，最后放入莼菜，略烫后，以盐调味，用湿淀粉勾芡，出锅前撒少许白胡椒粉。装碗后再撒上火腿末，即可。

厨师心得

此羹一定要用新鲜太湖莼菜，才够香嫩，外面黏液(富含胶原蛋白)也丰富饱满。莼菜最宜做汤羹，如西湖莼菜汤、鸡丝莼菜汤、三丝莼菜羹等，也可做烩菜，但不能长时间加热，否则就破坏了莼菜的口感及其营养价值。

大煮干丝

　　中国豆腐吃法的丰富，堪称举世无双。仅是一片小小的豆腐干，就可以拌、煮、蒸、炸、炒、烧、卤、熏、做馅、发酵，花样翻新，无穷无尽，既可登堂入室，又宜家常小吃，贫富贵贱，皆甘之如饴，真可称为中国美食的代表作。而料理豆腐干的最高境界，非扬州大煮干丝莫属。

　　广陵自古繁华，李唐以来，"扬一益二"，三分明月，二分扬州。及至清代，食盐专卖，在此设两淮巡盐御史，仅与盐业有关的衙门和盐业商会"盐公堂"一年账面上挥霍的"公费"就达一百五十万两白银，而当时中央政府一年的财政总收入不过两三千万两，盐政、盐商之阔，于此可见——《红楼梦》里林黛玉的父亲林如海就做过这个官儿，读者不要被曹雪芹悄悄瞒过，以为林妹妹孤苦可怜，其实林家比日益没落的贾府阔多了——应酬上官，供养名士，歌台舞榭，附庸风雅之余，格外讲求饮食之道，真个是炊金馔玉，哪顾得罪过可惜——此所以扬州菜能够天下驰名也。

　　寄生于盐业者甚众，寻常人家，也过着"上午'皮包水'（泡茶馆），下午'水包皮（泡澡堂）'"的日子，对茶点的要求自然不低，干丝就是最经典的茶点。唐鲁孙先生回忆，熟朋友一起吃早茶，"多半是烫个干丝"（其实是先烫后拌）；只有请尊长，才会"叫一客煮干丝"。

▌操作厨师：陈万庆

"切干丝的刀工，属于专门技艺，一块干子，最少要切出十三片，个中高手甚至能切出十九、二十片来。切出来的干丝，长短粗细，一律整整齐齐，毫厘不爽"——干子的厚度不过一厘米，真是神乎其技。

煮干丝常见的有鸡（丝）火（腿）、蟹黄，我还吃过鳝鱼的，鲁孙先生记载的花样就多啦，如脆鳝（即脆鳝）、脆火、脆鱼挂卤、脆鱼回酥、鸡脆、鸡皮、鸡肝、腰花、虾腰、蝉螯、虾蟹、蝉蟹等等，总之是不厌浓厚，一定要达到"无味者使之入"为止。

【大煮】

扬州人称先烫后煮为大煮。

关键技术环节

切：扬州当地产大白方干，横批 18 片（不要上下两片及四边），切成火柴棍粗细的豆干丝。

烫：用沸水烫三次，去掉豆腥味，至干丝绵软。

泡：将烫好的干丝浸入鸡清汤，汤面上要覆有一层黄色鸡油。

煮：从鸡清汤中将干丝捞出，放入煮沸的鸡汤中，加虾子，置旺火上煮 15 分钟，以盐调味，捞出装盘。

浇：虾仁炒至乳白色，摆在干丝上，鸡毛菜、火腿丝、鸡丝、香菇丝（少量），一起入鸡汤中煮熟调味，连汤一起浇在盘中的干丝上。

厨师心得

市场上的大白方干有两种，一种是私人手工制作，另一种是豆制品厂半手工半机器加工而成。好的豆干除了新鲜，还要讲究压得是否紧实，因为片干丝最怕"跳刀"（豆干压制不紧实会有气孔产生，导致下刀切丝易断）。

另外，上此菜要用保温器皿——如果温度降低太快，鸡油会变油腻，干丝会变硬、结块。

▌操作厨师：吴镇华

菊叶蛋汤

　　南京，号称"九朝古都"，饮食之讲究自是不消说得；可能是由于做工过于细腻，食材对地方特产过于依赖，除烤鸭之外，菜品流传不广，对其他地方菜的影响也有限得很。

　　南京菜又名京苏大菜，是江苏菜的重要组成部分，以选料严谨、制作精巧、刀工细腻、注重原汁原味、讲究四季分明著称，擅长炖、焖、叉烤、鸭馔尤精。名菜如桂花鸭、美人肝、炖菜核、炖生敲、扁大枯酥、知了白菜……皆金陵独有，咸甜适度，肥而不腻，酥烂脱骨而不失其形，滑嫩爽脆而不失其味，而予独羡其蔬食之丰美，南京朋友们也以此为傲。

　　金陵一年四季，时蔬不断，春有马兰头、豌豆苗、春笋、菜薹、木杞头、山药、菠菜、白芹、韭菜、芦蒿，夏食茄子、冬瓜、丝瓜、毛豆、蚕豆、茭白、苋菜，秋收鸡头果、花香藕、菱角、莲子、芋苗，冬季则韭黄、慈姑、冬笋、大白菜、芥菜、荠菜、雪菜、荸荠、萝卜，颇堪卒岁。

　　有三种蔬菜的食俗为南京特有，值得特别一谈：

　　茭儿菜，其实是野生茭白，每根尺把长，拇指粗细。可吃的是中间洁白的嫩芯，鲜嫩而易断裂，似茭白而鲜美过之，如今很难吃到了。春天，茭儿菜先于茭白上市，应市的时间只有二十余天，稍纵即逝。

常见吃法是炒肉丝、香菇面筋炒素、炒鸡蛋，或者搭了别的菜一起烧汤。以荽儿菜入馔，取其有一股比荽白浓郁得多的自然的清香（见吴翼民著《荽儿菜 蒲儿菜》）。我曾在夫子庙"刘长兴"面馆吃过荽儿菜蒸饺，清新隽永，海内独步，远胜他家著名的小笼包。

矮脚黄，青菜之一种，历史上以万竹园所产最佳，棵矮、梗白、心黄，故名；四季皆有，而秋冬肥美，霜打之后更甜。名菜炖菜核以其菜心为主料炖至入味，其他菜系少见，非用此菜不能做；其余如奶油菜心、蟹粉菜心、开洋菜心、鸡油菜心乃至知了白菜亦然。

菊花涝，又名菊花脑、菊花叶、菊叶、菊花菜、菊花头，据我所知，全国只有南京地区有采食这种菊科植物嫩梢的习惯。此菜可拌、可炒、可炸、可制馅，而以家常做汤最妙，只打入鸡蛋花、点麻油即可。我初尝菊花涝，不觉有异，不过食之有独特的香辛味，回味清凉而已；后每食南京菜，必点无疑，几乎成瘾，始悟其魅力所在。

注：此文重点参考了胡长龄著《金陵美肴经》（江苏人民出版社，1988 年版）。

【菊花涝】

菊花涝属夏季时令野菜，民间以为对头痛、眩晕、消渴、烦热、目赤、阴虚咳嗽有一定食疗功效。

关键技术环节

将菊花涝择洗干净，鸡蛋打散。
油锅烧热，下葱花煸香，加入适量水和精盐，烧沸，倒入鸡蛋液，氽成蛋花。
菊花涝下入沸汤中滚一下，淋入麻油，马上出锅。

厨师心得

菊花涝有大叶和小叶之分，大叶更嫩，适合入汤。新鲜的菊花涝长时间加热会变色，因此要求入锅温度高、出锅速度快，才不失青翠鲜爽。

桂花鸡头米

苏州"水八仙",我最爱鸡头米。

此物自古有干品,如今又有速冻货色,然无论味道、口感,都远逊鲜品。新鲜的鸡头米有一股无以名状的淡淡清香,口感则软糯之中含一点结实的弹性,不酥不艮,不黏不硬,在所有食材中特立独行,与同列"八仙"的慈姑、菱角、荸荠亦绝不雷同。

芡实之性,至清至洁,最忌油腻荤腥。有以之与菱角、莲藕、荸荠同炒者,已属唐突佳人;居然有以虾仁为配者,更是香味全失,使西子蒙不洁了。其实,鸡头米甜食最佳,何必戕其天性、乱点鸳鸯呢?

高阳先生在小说《胡雪岩》中写了一款船娘做的甜食:"冰糖煮的新鲜莲子、湖菱和芡实,正是最时新、最珍贵的点心","碗中的莲子等物,剥得极其干净,粒粒完整","另外有两只小碟子,一黄一红,黄的是桂花酱,红的是玫瑰卤,不但香味浓郁,而且鲜艳夺目"。

如此佳构,即便是耳食,也容易使人口角生津的。我在家厨照方抓药,虽然北京只能找到干品的莲子、芡实和速冻的菱角肉,但煮熟之后,加一匙桂花卤,食之也是清香满口,隽美难言。

年年秋天去苏州,固然为了食蟹,也为了吃新鲜的鸡头米。以我的体重,早就该放弃甜品了,可我于西式的蛋糕、冰淇淋不妨态度决

操作厨师：张书超

绝，一遇到"银瓯浮玉，碧浪沉珠"的桂花鸡头米，不仅毫不犹豫，而且连连加餐，非到尽兴不止。

【水八仙】

"水八仙"是指苏州地区的地方传统水生蔬菜，包括慈姑、荸荠、莲藕、水芹、茭白、红菱、芡实和太湖莼菜。

苏州两熟茭白的品种曾达 10 种之多，"蜡台茭"最为有名；藕以浅水花藕品质最优，上市早，生食脆、甜；菱角的优良品种有"水红菱""大青菱""馄饨菱""和尚菱"和"老乌菱"等；由于太湖水满足了莼菜要求生长水环境特别清澈且微带流动、土壤有机质含量充分等要求，太湖莼菜的品质和营养在国内独一无二；本地芡实俗称"南芡"，是我国唯一无刺人工栽培品种，吃口糯、营养价值高，身价是"北芡"的几倍；地产水芹由于采用独特的栽培技术，吃口香、嫩；黄慈姑同样是本地独有的品种，吃口糯、酥，产量有限；苏州荸荠长得秀气，吃口爽快。（见"苏州科普之窗"网站）

🍲 关键技术环节

新鲜南塘鸡头米，剥皮洗净。

锅置旺火上，加水，将鸡头米下入，水滚开后放入绵白糖，再煮半分钟出锅。

将鸡头米及糖水倒入装有咸桂花的汤碗中即可。

🥄 厨师心得

鸡头米的生长对水质要求很高，南塘水甘甜，出产的鸡头米自然软糯、清香。新鲜鸡头米盛产于农历 7 月底、8 月初，有清火降温的食疗效果，最适合作为夏季时令甜品。

剥鸡头米很见功夫，膜不能破，否则容易干裂，下锅松散。

传统做法多用糖桂花，之所以选用洞庭西山的咸桂花，是因为它用天然的梅子酱做防腐材料，其中的淡淡的咸味能使甜味更浓而且不腻——厨师常说"要想甜，加点盐"，就是这个意思。

第 3 章 川菜

SICHUAN CUISINE

▌操作厨师：李强民

家常海参

"家常"在川菜中有三个层面的涵义:

首先是一个重要的、基础性的味型。全国各大菜系,只有川菜把"家常"列为一个味型,特意表而出之,例如家常鱿鱼、家常豆腐、家常鳝鱼、家常牛筋;

川菜有很多名菜根本就是家常菜或者源于家常菜,例子俯拾即是:回锅肉、甜烧白、鱼香肉丝、麻婆豆腐、泡菜鱼等等,数不胜数;

川菜喜欢把一些比较贵重的食材配上家常的、便宜的辅料,烧成美味,如酸菜鱼肚、锅巴海参、抄手海参等等——对比粤菜扣辽参多取鲍汁,还常常配以花胶、鹅掌,差一点也得是日本天白菇,就知道这种"家常"绝对是空谷足音,值得大书特书了。

家常海参是"家常"川菜的代表作。《中国烹饪百科全书》"家常海参"词条还唯恐此菜"家常"得不到位,特别注明:"如需突出家常风味也可增加泡辣椒、泡姜或泡青菜。"

世界上除了中国,也就是日、朝、韩讲究吃海参,而且并不把它当作什么了不起的食材。这些年由于众所周知的原因,国内海参的价格直线上涨,其实在民国年间,"海参席"在餐饮业中属于比较便宜的席面,地位远逊于"燕窝席""鱼翅席"。

　　海参本身无味，若无好汤帮衬便没什么吃头儿。各大菜系以海参为主料的菜品，如葱烧海参、虾子大乌参、蟹黄海参，无论烧、扒、焖、酿，味型多以咸鲜或咸中带甜为主，突出汤汁的醇厚鲜香，敢于以辣味料理海参的，川厨堪称独步。这种辣味来自由蚕豆、辣椒制成的郫县豆瓣，豆瓣炒至酥香之后，经发酵产生的香味、鲜味醇浓隽永，辣味香而不燥，吃起来咸鲜微辣，貌似家常而耐人寻味。

【川菜的调味汤】

　　清汤：用老母鸡、鸭、猪瘦肉、猪棒骨，加水、葱、姜、绍酒，熬制一小时，汤料（葱、姜不要）捞出洗净，用水解散的猪肉茸、鸡茸扫汤，使汤清澈如水。

　　奶汤：用老母鸡、鸭、猪五花肉、猪蹄和猪棒骨，加水用旺火煮，待汤料极烂时捞出，过箩去渣。

　　鸡汤：鸡斩成四大块，下入凉水中，加葱、姜烧开，撇净沫子，用中火煮至鸡极烂时，捞出，过箩去渣。

　　普通汤：鸡、猪骨、鸡头脖下入冷水中，烧开后撇净沫子，加入葱、姜，以中火煮到肉烂骨酥，滤去渣骨。（见《北京饭店的四川菜》P21-23）

　　中火煮到肉烂骨酥，滤去渣骨。（见《北京饭店的四川菜》P21-23）

关键技术环节

　　水发大连海参洗净，片成上厚下薄的片；猪肉、芹菜、青蒜均切成碎粒。

　　海参用"普通汤"加入葱、姜、盐、绍酒氽两遍，捞出沥干。

　　热锅下油烧至四成热，放入肉粒，加盐、绍酒煸炒一下盛出。

　　锅洗净下油烧至五成热，放入豆瓣酱煸炒出红油，加入清汤烧沸后，将豆瓣渣捞出，下入海参、猪肉粒、红酱油烧至亮油，用湿淀粉勾薄芡，撒上芹菜、青蒜粒炒匀即可。

厨师心得

　　北京饭店用的豆瓣酱，是用郫县豆瓣和泡椒一起剁碎调制而成的，其中郫县豆瓣可以提香，泡椒用来着色。

酸菜鱼肚

上世纪七十年代，一到腊月的二十七八，我家一定会"开油锅"——烧一锅热油，把整个春节期间需要油发、油炸的食品一次性准备出来，内容大约包括蹄筋、鱼肚、过油肉、熏鱼。"开油锅"的时候，随着"哗啦啦"的脆响，一阵阵特别诱人的香味弥漫开来，那是一桌无比丰盛的年夜饭的序曲，一年到头，只此一次，今日思之，恍如梦寐。

油发食材中最"高级"的要算鱼肚了。那会儿每年"五一"前后，家里都要吃几顿大黄鱼，每条鱼的鱼肚父亲都不舍得扔掉，而是贴在一张旧案板的背面，立在阴凉通风处阴干，就等着过年再集中料理——油锅也不能轻易"开"，那个年月每人每月才供应半斤油。大黄鱼倒不贵，一斤五角五，晾鱼肚当时不过是"废物利用"，现在看来可是奢侈之极——哪里去找这许多野生大黄鱼去？找来了又该算多少钱一斤呢？

鱼肚在我家永远不是主菜，全家福、砂锅什锦，"俏"几片进去，点缀而已，对小时候的我而言，远不过油肉、白斩鸡有吸引力。

这几年，鱼肚天天涨价，把海参远远抛在身后，用廉价的酸菜来配就显得很别致：鱼肚酥软绵滑，与酸菜爽脆的口感、醇厚而不尖锐的酸鲜很搭调；鱼肚多少有点腥气，恰好被酸菜的酸味除去；牙白配暗绿，很"提"颜色。

▌操作厨师：胡世平

川、鲁、苏菜，鱼肚讲究油发，粤菜则重水发。我从小吃惯了，总觉得油发的容易入味，口感沙沙软软的，“慵懒”而“性感”，为其他任何国家所无，是中餐特有的审美感受，似乎也只有国人才会欣赏；当然，如果煲汤，还是水发为好。

【鱼肚】

传统高档海味食品，多用大黄鱼、鳇鱼、鲟鱼、鮸鱼、毛鲿鱼、鳗鲡等鱼的鳔和鱼胃经干制而成。又称玉腴、佩羹、鱼脬、鱼胶、鲛鲨白、鱼白、鱼鳔。（见《中国烹饪百科全书》P706）

【泡姜】

老姜，加盐水、花椒、辣椒，泡制 3-5 个月，自然发酵腌制而成。

关键技术环节

油发鱼肚：干鱼肚放入温油浸泡 24 小时，捞出，切成小块，下入四成热温油炸泡（炸时要不断翻动，使其炸透）。放入清水回软，去其油质，洗净捞出。

鱼肚涨发后的保存：涨发好的鱼肚，泡入水中 24 小时，沥干改刀，再放入水中入冷库冷冻。这样可以避免鱼肚脱水，失去软糯的口感。

酸菜泡制：四川青菜，浸入盐水，加红辣椒、大蒜，封缸泡制 3-6 个月，待其自然发酵后，酸爽脆香。

烩制成菜：酸菜改刀片状，和泡姜一起下锅翻炒出香，下入高汤一起熬制 5 分钟，加盐调味，随后放入鱼肚翻炒、勾芡即可。

厨师心得

酸菜和鱼肚的搭配，在味道上互补——一酸一鲜，在口感上呼应——一脆一糯，二者合一，恰到好处。

▌操作厨师：李强民

干烧鱼

　　干烧其实并不"干"，烧的时候有汁，吃的时候软嫩，只是主料入味之后不勾芡，而是旺火将汁收浓到近乎"干"的程度，食毕盘无余汁，只余红亮的明油，故曰"干烧"。

　　干烧不仅是川菜的主要技法，还是一个重要味型，除了红烧常用的调料之外，还离不开郫县豆瓣、泡辣椒、红油、醪糟汁，讲究成菜色泽金红，汁浓味透，咸鲜、香辣、醇厚（见《中国烹饪百科全书》"干烧岩鲤"词条;《北京饭店的四川菜》认为干烧的味型特点是"香、辣、酸、甜"，录以备考），这个味型主要用来烧鱼虾;川菜另有一种不辣的干烧，口味咸鲜，既可烧鱼翅、鲍鱼，也能烧冬笋、刀豆、菜心。

　　此菜中的肥肉丁虽不起眼，但极其重要。川菜素有"以油养汤，以汤润菜"的心法，事先"煸透吐油"的肥肉丁（最早用的干脆就是板油丁）可以在烧制的过程中滋润鱼肉，增加嫩度和丰厚的口感，肥而不油，油而不腻——传统清蒸鱼要裹以猪网油也是出于同一目的。

　　北京淮扬春饭店顾名思义主营淮扬菜，厨师长王国华师傅的干烧鱼别具一格——不用泡辣椒和红油，减少了辣味，增加了甜味;辅料除了肥五花肉丁、葱、姜之外，增加了笋丁和红、绿甜椒丁，五色斑斓，赏心悦目，吃口咸、甜、香、辣、鲜并重，令人胃口大开。

据王师傅介绍，改良这道干烧鱼的厨师是北京江苏菜老字号同春园的第二代厨师长高国禄——同春园向以擅制河海鱼鲜驰名京华，高师傅欣赏川菜的干烧，又要照顾苏菜的特点，口味不能太辣，颜色不能太重，于是稍加调整，给同春园又添了一道名菜。时至今日，土生土长的北京人提起同春园，还是忘不了它的干烧鱼。

【亮油】

川菜对部分菜肴成菜的外观要求之一。在烹制时要求准确掌握用油量、滋汁和火候，这样才能使成菜入盘后，菜肴周围"吐出"一圈适量的油，即所谓"亮油一线"。（见《川菜烹饪事典》P252）

关键技术环节

鲜鱼治净，鱼身两面各剞 5-6 刀，用盐抹遍全身，腌渍入味。

油烧至八成热，放入鱼炸至皮稍现皱纹，捞起沥油。

将猪肉切粒，下入油锅炒至酥香，盛出。

锅内再下油，煸炒豆瓣酱至出红油，下入肉汤烧沸，捞去豆瓣渣，放入鱼和炒酥的肉粒，加姜、蒜、精盐、酱油、醋、绍酒、白糖，改小火㸆至汁稠鱼熟，将鱼翻身再㸆一会儿，同时不断将锅内汤汁舀起浇在鱼身上，至亮油不见汁即成。

厨师心得

传统干烧鱼用的是岩鲤，产于岷江、嘉陵江和大渡河上游，生活在深水岩石间。现在因产量有限，多用其他鲜活鱼烹制此菜。其实，干烧这种做法，适合很多鱼种，小火慢烧，使鱼肉软嫩、咸鲜、香辣、醇厚。

漳茶鸭子

晚清四川饮食业有位奇人黄敬临（又名晋临），传说他曾进京，在光禄寺之类的衙门做官，其间为慈禧太后创作过几道佳肴，漳茶鸭子就是其中之一。后来他辞官回到成都，在少城包家巷开了一间"家常包席馆子"，就是著名的"姑姑筵"——这里的"姑"字读如"家"。四川美食名家车辐先生解释："'姑姑筵'本是成都小孩子们摹仿大人做饮食炊爨的小玩具：小炉子、小锅铲、小菜刀，在当时的杂货铺可买到，小孩们玩得很有兴趣。""黄敬临老先生取这个好玩的'姑姑筵'作招牌，一方面是'不失其赤子之心'；另一方面，……表达了他对生活的态度，在幽默而机智中，展示出他的理趣。"

黄先生的"姑姑筵"是四川高端饮食文化的代表作，上世纪五十年代随着罗国荣大师进入了北京饭店。据《北京饭店的四川菜》一书介绍，"清朝御膳房做的都是满汉菜，熏烤的多，黄晋临把满汉'熏鸭'改用从福建漳州运来的嫩茶芽来熏，鸭茶相得益彰，奇香扑鼻，……后来有的知其名不解其意，把'漳'字写成樟木的'樟'"。

此菜的传统做法工序繁复，包括宰杀、褪毛、腌渍、烫皮、熏制、蒸熟、晾凉、炸酥、刷油、切条装盘，其中最重要的是以花茶、樟叶、柏枝、锯末熏制，形成特殊风味（见《中国烹饪百科全书》）。如今绝大多数餐馆都省略了茶叶熏制的过程，早就名不副实了。

▌操作厨师：李强民

只有北京饭店罗国荣、黄子云一脉的传人还保留了"姑姑筵"的传统，出品香浓隽雅，与其他店家大不相同。

2008年，北京四川饭店并入全聚德集团，原厨师长郑绍武成了集团的技术顾问，而全聚德王府井店的总厨徐福林本来就以鸭菜创新见长，两位高手"双剑合璧"，一度对漳茶鸭子进行了改良——鸭子先腌后熏，接着按北京烤鸭的做法，制坯，烤熟，名曰"漳茶烤鸭"。这种做法的好处在于烤的过程中，没有别的油再进入鸭肉，油走得比油炸更彻底，减少了油腻感；烤出的鸭皮比炸出的厚，口感更为酥脆，晶莹光滑，色泽枣红，逗人食欲；油炸的香味往往掩盖了"熏香"，而烤制过程中产生的香味，却能与"熏香"互相生发，各尽其妙。

🍲 关键技术环节

填鸭尾部开膛汆水后，放入老卤中腌制2小时，取出用净布擦净，挂在通风处晾干。

用一铁锅放入锯末，上面铺上茶叶，茶叶上方10厘米处放一铁篦子，将鸭腹朝上放在篦子上，盖盖上火烧，锅底烧红时即会冒烟，用烟把鸭子表面熏成红色。

把熏好的鸭子放入容器内，加葱、姜、绍酒蒸约2小时，捞出沥干，去骨取整块胸肉。

热锅下油烧至九成热时，下入鸭胸肉，炸至皮脆内透时捞出，斩块，码盘。

将甜面酱上笼蒸熟，淋少许麻油，葱白切条，和荷叶饼一起与鸭子一起上桌。

❤ 厨师心得

饭店因经常做此菜，因此有老卤（初次腌制鸭子留下来的卤汁，以后适量加盐）。若没有老卤，可以用盐水腌，即用盐揉搓鸭身，另用盐和花椒撒入腹内，来回摇晃，使腌料贴在腔壁上，将葱段和姜片塞入腔内，放入瓷容器腌制。

操作厨师：李强民

宫保鸡丁

这是一道以官衔命名的菜品。

清代的习惯，官文书之外不用正式的职务称呼官员，而需另取一尊称：官居一品的大学士口头称为"中堂"，总督称为"大帅"，巡抚称为"中丞"，而山东巡抚又与众不同。高阳先生认为，山东巡抚衙门原址是明代的齐王府，"其中许多地方，沿用旧名，二堂与上房分界之处，就叫'宫门口'。因此，'宫保'亦几乎成了山东巡抚专用的别称。巡抚恩赏了'太子少保'的'宫衔'，都可称为宫保，不过总不如有宫衔的山东巡抚，唤作宫保来得贴切。"清末有两任山东巡抚皆享大名，一位是"丁宫保"丁宝桢，一位是"袁宫保"袁世凯。

丁宝桢，贵州人，居官清廉刚正，曾杀掉慈禧太后宠信的太监安德海。丁喜欢吃家乡风味的炒鸡丁，其中要加入干辣椒段，百姓为了纪念他，遂将这种炒法以"宫保"命名。丁后来调任四川总督，又将此做法带入四川，故川、鲁两大菜系都有宫保鸡丁。

《中国烹饪百科全书》中有独立词条的四川菜首列宫保鸡丁，可见此菜在川菜中的地位。此菜受重视的理由非止一端，其味型具有代表性肯定是原因之一。

川菜号称"一菜一格，百菜百味"，味型之丰富、独特，天下无双。尤其是对复合味的运用，达到了出神入化的境界。所谓"复合味"

是指由两种或两种以上的调味品调和而成的味道，川菜有二十多种复合味，如麻辣、怪味、椒麻、酸辣、陈皮、芥末等等，其中以鱼香、荔枝两款为杰出代表，名气大，成就高。究其原因，在于诸味调和之后形成的新味型完全超脱了属于原来调味品的色、香、味，在此基础上，形成了一种富于想象力的全新味道。如宫保鸡丁中的荔枝味，既不是加入荔枝产生的，也没有调和出生活中真实的荔枝味——世上怎么会有辣味的荔枝呢——而是通过郇厨妙手，形成了一种可以使人联想到荔枝的、介于似与不似之间的味道，齐白石所言"太似则媚俗，不似则欺世"，大约不过就是这种境界吧？

【小炒】

又称"随炒"，为川菜烹制中最有特点、运用最广的一种炒法。最能体现川菜烹制中小锅单炒，不过油，不换锅，临时兑汁，急火短炒，一锅成菜的特殊风格。多用于以经过刀工处理成小型的动物原料为主烹制的菜肴。烹制时，原料码味（原料加热前的调味）、码芡（即"上浆"），旺火，先用热油炒散，再加配料，然后烹滋汁（事先调好的芡汁），迅速翻拨簸锅收汁亮油至熟。成菜散籽（动物性原料切成丁、丝、片等形状，码味码芡，下油锅翻炒后彼此分开、互不粘连的状态）亮油，统汁统味，鲜嫩滑爽。

关键技术环节

鸡腿肉切丁，加盐、红酱油、湿淀粉上浆；花生去皮炸脆。

用白糖、醋、酱油、绍酒、湿淀粉调成芡汁。

炒锅下油烧至六成热，放入干辣椒、花椒炒至紫黑色，放入鸡丁翻炒，鸡丁散开后，加葱、姜、蒜炒出香味，烹入芡汁，加入花生米，再翻炒均匀，出锅前淋几滴麻油即可。

厨师心得

此菜要求对鸡丁连锅煸炒，下锅后不能离锅，直至成菜。味道鲜香，辣而不燥，略带酸甜。

怪味鸡

"怪味"不是奇怪的味道，而是川菜特有的一个味型，也堪称使用调味品最多的味型——至少十种。妙在咸、甜、麻、辣、酸、鲜、香并重而协调，比例恰当，互不压抑，相得益彰。仅用于冷菜，可以用来拌猪腰、猪心、牛肉、羊肉、猪肉、鸡胗、鸡肝、鱼肉、兔肉、桃仁、蚕豆、豌豆、花生仁等，最常见的还是怪味鸡（块、片、丝均可）。

可能是因为调制起来比较麻烦吧，这一味型时下并不流行，但很多奇怪的味道却开花散叶，风生水起，因为谈不上是哪个菜系，所以统称为"江湖菜"。早期的还有些来历，如歌乐山辣子鸡、南山泉水鸡、江津酸菜鱼、两路镇的水煮鱼、南川县的烧鸡公，还有毛血旺、啤酒鸭，其实，毛肚火锅也可归入其中。毕竟来自民间，粗犷质朴，乡土气息浓厚，还有可取之处。

有人总结的好："江湖菜味重刺激，以麻、辣、鲜、香为号召，调味宁过勿缺，油重料厚，像一个莽撞少年，图一时之快，不计后果——吃时淋漓尽致，食毕生厌；久未得尝，又朝暮相思；择日邀约，一饱口腹，却又撑胀难奈，不思饮食……如此这般，周尔复始。"（见"百度百科"）

随着江湖菜"从农村包围城市"，又在一些小饭馆中产生了变种，

▋操作厨师：况明强

以北京"簋街"为例，就有麻辣小龙虾、香辣蟹、泡椒系列、干锅系列逐次称雄，而且口味越来越辣，越来越麻，越来越怪，发展到极致，不吃朝天椒不算辣，嘴唇不乱颤不算麻，恨不得把最辣的辣椒、最麻的花椒乃至孜然等各色香辛料汇聚一盆，对口腔刺激的追求达到变态的地步。

这种"怪味"日渐流行，食材的品质已经完全吃不出来，厨艺的基本功也不再重要，中国菜的堕落就此进入了新的阶段。

【红油】

红油在川菜烹饪中，利用率非常之高。

以前炸红油都是用辣椒面，辣椒面由几种干辣椒（如朝天椒、小红辣椒、二金条等）混合而成。现在的做法主料是朝天椒，在菜籽油烧至六成热时，将整根的朝天椒放入油中，炸至六成熟。将朝天椒捞出沥油，捣碎。再将油烧至六成热，把辣椒碎泡入油内 12 个小时，过滤后，即成红油。

🍲 关键技术环节

鸡腿肉，放葱、姜、料酒，白煮。大火烧开，小火煮熟，捞出，切丝。

调味汁：姜、蒜、酱油、香油、盐、味精、花椒油、糖、花椒面、红油、芝麻酱、芝麻、花生，混合调制。

鸡丝装盘，撒上葱花，淋上调味汁即可；吃前拌匀。

💚 厨师心得

这道菜的"怪味"是由十几种调料调制而成，取材相同，用量不同，不同的人就会调出不同的味道，要想每次味型一致，就要求厨师在调制时严格掌控比例。

操作厨师：李强民

鱼香肉丝

发明鱼香肉丝的厨师是个天才！

能想到用泡辣椒、葱姜蒜、盐糖醋、酱油，把肉丝烹出鱼味来，这人还不是天才？

创造鱼香味型的天才一定是位川厨——川菜味型之丰堪称中国（也是世界）第一，单是与辣有关的，就有鱼香、荔枝、麻辣、酸辣、怪味、红油、家常、蒜泥、陈皮……不可胜数。对付味蕾，川厨是魔法师。

标准的鱼香肉丝应该色泽红亮，肉丝滑嫩，入口先吃到咸味，然后才是甜味，带辣，微酸，有突出的鱼香，吃完了盘无余汁。配料有用黑木耳丝、黄瓜丝的，如北京饭店；有什么都不加的，如重庆饭店。不加配料的入口浑然一体，加黄瓜丝的带一点爽脆清香，各有千秋。

北京的饭馆少有不卖鱼香肉丝的，也少有不敢大把大把往里扔胡萝卜丝、青椒丝的。

我曾一时糊涂，带一位开着一家日进斗金、特别以加胡萝卜的"鱼香肉丝"著称的餐馆老板去重庆饭店见识正宗的鱼香肉丝，结果当然遭遇质问："他卖多少钱一盘？我卖多少钱一盘？"

当然，现今的餐馆还用"鱼香"来"香"大虾、猪肝、猪腰、茄子……曾经在一个能推出国宴的地方品尝过一道"鱼香鳝段"——我实在不明白：把肉丝烧出鱼香味来，是天才创造；把鳝鱼烧出鱼香味来，有啥意思？

有人说"鱼香"的来源是在泡辣椒坛子里加了几尾小鲫鱼，这样泡出的辣椒叫"鱼辣子"，以之配上其他调料就能烹出有鱼香而不见鱼的菜肴。不管真假，我还是欣赏完全没有鱼的鱼香肉丝（不排除早期的泡辣椒里真的有鱼，后经改良而取消，变"写实"为"写意"，全靠厨师的手艺了）——这是四川前辈厨师的伟大创造，点石成金，此之谓也。

此菜特别下饭，而且解馋。我出国回来，往往从机场直接杀到川菜馆，大啖其鱼香肉丝、宫保鸡丁、麻婆豆腐、蒜泥白肉、陈皮兔丁、椒麻鸡片，以满足、抚慰在国外吃西餐吃得淡出鸟来的味蕾的饥渴。

关键技术环节

猪肉切成 5 厘米长的丝，木耳、黄瓜切细丝。

猪肉丝用精盐、湿淀粉上浆。

将白糖、醋、酱油、葱花、湿淀粉、肉汤一起调成芡汁。

热锅下油烧至六成热，放入肉丝炒散，加姜、蒜和剁碎的泡辣椒，炒出香味，加入木耳丝、黄瓜丝，烹入调好的芡汁，炒匀即可。

厨师心得

此菜最传统、最普遍的做法是以木耳丝和玉兰片丝（不是罐头笋丝，没有加胡萝卜丝的）为辅料（不是大量加入，超过肉丝的分量，喧宾夺主）；肉丝不过油，不换锅，现勾滋汁，急火短炒成菜，是一道连锅煸炒的经典菜品。

回锅肉

　　清初八旗入关，选择政治、军事、经济方面有特殊地位的城市派八旗劲旅驻防，以震慑反清势力。"旗"是军事编制，旗人生下来就编入旗籍，就有固定的收入——"钱粮"，成年以后除了做官、当兵、当差，不允许从事别的职业。此制度的初衷是为了保证八旗的兵源和战斗力，堪称深谋远略，可惜形势比人强，到了乾隆年间，八旗子弟已经是寅支卯粮，坐吃山空，提笼架鸟，呼鹰嗾犬，听曲票戏，哪里还有什么战斗力可言？但凡事有一利必有一弊，反之亦然，这些有世袭差使和"铁杆庄稼"的旗下大爷讲求饮馔之道是再自然不过的事情了。旗人是贵族，是统治阶级，他们的生活方式和嗜好很容易成为时尚，于是这些驻防城市就纷纷成为中国饮食文化的重镇甚至各菜系的发祥地，其中广州、福州、杭州、江宁（今南京）都设有驻防将军，至今犹以讲求饮馔著称，成都自然也不例外。

　　中国人在清代以前以羊为提供肉食的主要家畜，而满族历来重视养猪，猪肉在满族饮食文化中占有至高无上的地位，尤其是吃"福肉"（以清水煮熟不加任何调料的大块猪肉），是祭祀和庆典的重要内容。旗人吃法是用解手刀自片自食，最原始的吃法就是不加盐、酱、淡食，后来用浸过酱油的小片高丽纸——主要用途是糊窗户，取其坚韧，入水不糟烂——在刀片上涂抹或浸入肉汤以调味。这种"福肉"落到川

操作厨师：李强民

厨手里自然觉得粗糙寡淡，必须花样翻新，于是回锅肉、蒜泥白肉、咸烧白、甜烧白、连锅汤就纷纷出笼了。

这些菜品的共同点就是都要现将大块带皮猪肉清水煮熟，晾凉改刀，再捣蒜擂姜，调羹烹油，点酱泼醋，和合五味，俗不伤雅，平中出奇，水火既济，遂成名馔。

一份标准的回锅肉要求色泽红亮，红绿相间；香味浓郁，酱香、蒜苗香、油脂香突出；滋味醇厚，微辣回甜；肉片柔糯，入口化渣，肥而不腻；还有一个重要的指标——肉片要炒至吐油，四边翘起，中间微凹，呈"灯盏窝"状。您如果吃了一盘平平舒展的回锅肉，想必厨师的水平也就是平平吧。

关键技术环节

选五花肉，放入汤锅内煮到肉皮变软，捞出稍晾。

将肉切成 6 厘米长、3 厘米宽、2 毫米厚的肉片。

热锅下油烧至六成热，放入肉片煸炒至出油，待肉片卷起呈"灯盏窝"状时，加入豆瓣酱、甜面酱继续煸炒，至豆瓣炒酥、油变红色，加入青蒜段，以白糖、酱油、绍酒调味，翻炒均匀即可。

厨师心得

此菜传统做法应选猪后腿肉，现在为追求外形整齐，多用五花肉。

传统川菜烹制时加醪糟（糯米酒）汁，现在大多以绍酒代替。

▌操作厨师：况明强

蒜泥白肉

　　此菜与回锅肉、甜烧白一样，也是从满族祭神的"福肉"变化而来。

　　清室进关以后，白煮肉随着驻防的八旗兵将，走向全国，除了"白水煮肉，不加调料"的基本做法没变之外，在调料的配制上各地则是花样翻新，大显身手。

　　先说作为首都的北京，应该是除了东三省之外旗人的主要聚居地，旗人在家里祭神吃肉，顶多是拿用好酱油反复浸泡晒干的高丽纸片涂抹解手刀或浸入肉汤调味；一旦进入市廛，也要改头换面以便销售——老字号砂锅居如今还有白肉片这道菜，调料包括酱油、蒜泥、腌韭菜花、酱豆腐汁、辣椒油——都是老北京常用的、必不可少的家常调料，主味还是咸鲜口。

　　到了江南，又是另一番风光。芒种前后，河滨湖汊里的青虾雌虾腹下生出青色的虾子，苏州厨师洗出虾子，加入酱油、冰糖、香料，熬成虾子酱油，以之蘸食白切肉，并不特咸，味鲜而厚，略带甜味，是初夏当令的美食。

　　蜀人"好滋味"，用"蒜泥味"来"伺候"白肉，以鸡汤调酱油、香油、辣椒油作底味，加上大量蒜泥，蒜香浓郁，咸鲜适口，醇鲜味厚，关键在于蒜泥香而不臭，辣油红而微辣，调料现吃现浇现拌，白肉片薄如纸，肥而不腻，入口化渣。

广东有一道名菜佛山汾蹄，我颇疑心亦是"福肉"的流风遗韵。首先也是以猪肉白煮（只加香料，不加盐酱），不过用的是猪肘而已（清代"满席"中亦有白煮猪前肘，称为"哈儿巴肉"的便是）；亦是煮后稍凉切片而食（各地白肉都非绝对的热或冷，使之稍凉，便于切片而已）；调味料则接近潮州卤水（白醋、白糖加红绿椒细米、蒜米，酸甜爽口）——广州设有驻防将军，粤海关监督一职又是以讲究饮馔著称的内务府旗人的禁脔，我的揣测总不算是完全向壁虚构吧。

【坐臀肉】

猪的后腿部位，臀尖之下、弹子肉与磨裆肉之上，又称二刀肉（后腿的头刀肉做盐煎肉，二刀肉做蒜泥白肉，三刀肉炒回锅肉）。（见《中国烹饪百科全书》P149,P151）

关键技术环节

将坐臀肉刮洗干净，放入汤锅中，加大葱、姜片、料酒，大火烧开十几分钟，煮至皮软、断生（即将瘦肉切开不见血水），关火，在原汤中浸泡20分钟。

将肉捞出、沥干，手工片成6厘米长、3厘米宽的大薄片，码入盘中。

浇上自制红酱油（以生抽、老抽、山柰即沙姜、八角、桂皮、香叶、砂仁、丁香、茴香等调料和香料，一起熬煮一个小时）、红油和蒜泥，即可。

厨师心得

这道菜的刀工很重要，其刀法是平刀片肉，肉薄如纸。不经过艰苦、扎实的基本功训练，要达到刀随手转、刀进肉离的境界，绝无可能。

三元牛头

　　我曾经写过一篇题为《巴风蜀味爱家常》的短文，文中讲到我对川菜"最爱其作风家常，……手法亦不矜不伐，低调亲和，即便是料理相对贵重的食材，也往往使之家常化，如海参之佐以臊子，鱼肚之佐以酸菜，难得的江鲜岩鲤、江团之属也离不开海椒、麻椒、大蒜、泡菜、肥肉丁、郫县豆瓣这些充满世俗气息的辅料、调料"。

　　其实，这只是川菜风格的一个方面，我称之为"细"料"粗"做；还有一种与之截然相反的手法，可称"粗"料"细"做，豆渣猪头、豆渣鸭方、三元牛头都属于这类风格。

　　中国人早就成功驯化了猪、牛、羊，但相当长的一个历史时期内，以羊和猪为主要肉食来源，牛由于是重要生产资料，甚至专门有法律禁止随意屠宰、食用。四川却有一个特殊情况，自贡地区盛产井盐，清代的盐井深度已经能够超过千米，在没有现代打井技术的情况下，牛是唯一的动力，但这种劳动对牛的体力消耗极大，于是就有了大量"报废"的牛只可供食用，这就使得川菜的牛肉菜品的丰富程度在十大菜系里轻松夺魁。

　　牛头在牛身上是非常便宜的部分，但实在是一种好食材，特别是牛头皮，烧熟之后厚约寸许，富含胶质，吃起来汁浓味厚，糯而不粘，非常诱人。但收拾起来非常麻烦，粗加工环节的去粗皮、褪毛、拆骨

■操作厨师：李强民

都要求心灵手巧、不厌其烦；烧的火候要特别足，使膻味尽除，肉烂汁浓，才算成功。

此菜原名红烧牛头方，是传统宴会名菜，由川菜大师罗国荣、黄子云师徒带到北京饭店；后经黄大师改良，改名三元牛头，流传至今。这道菜的风格和谭家菜"合辙搭调"，在北京饭店，不仅川菜餐厅善治此菜，谭家菜厨师也会烹制。由于社会上的川菜馆几乎不做此菜，多数食客初尝都在谭家菜餐厅，甚至误以为它就是谭家菜呢。

【牛头的粗加工】

粗加工环节的去粗皮、褪毛、拆骨等工序烦琐，见功夫。

先把牛角锯去，整个牛头放在火上烧焦皮面（先烧顶部，尤其注意不要把皮烧破），用刀刮去焦面至毛根清除。烧刮后放在水内泡软，再刮尽焦面，在牛头中间划一刀（防止牛头皮入沸水后开花破烂），整个放在锅内煮到能去骨时，捞在凉水内拆去骨（拆时保持牛头皮肉整齐，不可弄碎）。拆骨后放在水内再清刮一遍，修去边沿不洁和牛鼻牛脖周边部位碎烂的肉。（见《北京饭店的四川菜》P168-169）

关键技术环节

粗加工好的牛头取头顶和两颊位置的皮，改刀成长 6 厘米、宽 3 厘米的长方形，下入开水，加葱、姜、绍酒汆两三遍，每汆一次都用凉水冲洗后再汆，最后捞出用凉水浸泡。母鸡治净斩成块，火腿切片，干贝洗净，口蘑水发，冰糖炒制浅红色糖色。将菜心和鸡块分别用开水汆透，捞出用凉水冲洗干净。

将鸡块放入锅内垫底，再放入牛头皮、鸡汤、火腿、干贝、口蘑、姜、葱、绍酒、盐、糖色，在旺火上烧沸后，改中火将牛头皮㸆至烂透、汤汁浓稠。

将菜心垫在碗底，牛头皮捞出放在菜心上，浇入原汁即可。

厨师心得

选 50 多斤重的黄牛头，可取十多斤牛头肉。黄牛头的皮黄且厚，烧出的菜品才够软糯。将鸡块垫在锅底的主要作用是为了防止牛头皮软烂后巴在锅底，为此也可以在锅底放一个篦子做隔离。

▌操作厨师：李强民

干煸牛肉丝

  川菜细分为三大流派——以成都菜为代表的"上河帮"、以重庆菜为代表的"下河帮"、以自贡菜为代表的"小河帮"。此菜就是"小河帮"的代表作，历史已有数百年之久。

  自贡对川菜有"三大贡献"：

  自古出产井盐，纯净优质的井盐奠定了川菜调味的基础，过去的四川厨师离开井盐就不会烧菜，故有"吃在四川，味在自贡"之说；

  中国自古凡是盐业发达的地区往往人烟稠密，商贾辐辏，经济繁荣，也就有条件讲究饮食之道，自贡也不例外，为川菜贡献了麻辣柔和、味鲜韵长的盐帮菜；

  打盐井要以牛为动力，由于劳动强度极大，役牛很快就会报废，造成自贡肉牛源源不绝而且廉价，"小河帮"以牛为主料的菜品数量之丰，不仅在四川，就是在全国也是数一数二的。

  干煸是川菜特有的烹饪技法，除了牛肉，还可以干煸鳝段。

  此菜要求成菜色泽棕红，红中透亮，亮中浸油，红绿相间；芹香浓郁，肉丝酥香，食之化渣；麻辣咸香，略带回甜，口味浓厚而悠长。

  我的一位餐饮业朋友有一个观点：人在喝酒的时候，一定要吃一点有嚼头的东西，或酥，或脆，或韧——干煸的妙处恰好在于造成一种特殊的口感；由于油的使用量不大，油温不算高，所以牛肉丝不是被炸干的，口感不是脆；牛肉丝没有上浆，完全"裸露"在锅中，被煵，被"炕"，油和盐慢慢渗入，水分慢慢释出，造成本来粗老的纤维由韧变干、变酥；再辅以郫县豆瓣和芹菜、蒜苗、花椒，形成特殊的麻辣香味，确是下酒的好菜。

【干煵】

　　川菜特有的烹饪方法。是指将原料加工成丝或条状，放入锅中加热、翻拨，使之脱水、成熟、干香的做法。多用于纤维较长、结构紧密的干鱿鱼、牛肉、猪肉、鳝鱼，或水分较少、质地鲜脆的冬笋、四季豆、黄豆芽、苦瓜等食材的烹制。成菜有酥软干香的特点。（见《川菜烹饪事典》P284）

🍲 关键技术环节

　　牛里脊肉切成6厘米长的粗丝，芹菜抽去筋剖开切成4厘米长的段，姜切成细丝。

　　热锅下油烧至八成热，下入牛肉丝，煵炒至牛肉水分快干时，下入姜丝、豆瓣酱、辣椒面继续煵炒，至豆瓣炒酥、油变红时，加入绍酒、酱油、芹菜翻炒。

　　淋入几滴醋炒匀后装盘，撒上花椒面即可。

💟 厨师心得

　　此菜牛肉必须横丝切，即运刀的方向垂直于牛肉纤维，将其切断。不可给牛肉丝上浆；须连锅煵炒至牛肉丝变干、变酥。除了芹菜，还可选蒜薹和青蒜作为配料。

麻婆豆腐

　　报业前辈、上海史学家唐振常先生是成都人，而且精于饮馔，他在《颐之食·食家与家食》中记载："现在驰名全国的四川菜麻辣豆腐，当其创始之时，不过是成都北郊一个姓陈的麻皮妇女，善烧此菜。后来开了一个乡村小店，专卖此菜，叫做麻婆豆腐，大约是顾客随口所称。"

　　据四川美食家车辐先生回忆，上世纪二十年代去"成都北门外万福桥南岸陈麻婆老店"吃饭，顾客要事先自己"去割黄牛肉，打清油（菜籽油）、打酒、买油米子花生"，"牛肉、清油直接交到厨上"，向掌勺儿的薛祥顺师傅"说明几个人吃好多豆腐，他就按你的吩咐做他红锅上的安排"。（见《川菜杂谈·薛祥顺与麻婆豆腐》）

　　之所以不厌其烦地引用两位前辈的文字，只是因为近代以来中国社会剧烈变迁，很多过去视为当然的生活方式、商业模式，俯仰之间，已为陈迹——即以到餐厅就餐而论，如今是不许外带食物、酒水的，而九十年前成都有名气的小店却连烧豆腐的重要辅料、调料都不预备，要求客人自带，更遑论酒和酒菜了。

　　陈麻婆的这种经营方式有什么好处呢？当然不单是为了顾客的实惠，关键在于一是"小锅单炒"；二是"有经验的顾客，总是多买清油，豆腐以油多而出色出味"——要美食，还是要俭省，客人大可各取所需。

▌操作厨师：李强民

一份合格的麻婆豆腐，要做到豆腐形整不烂，麻、辣、烫、嫩、酥、香、鲜，突出麻辣，牛肉末酥香鲜美——我一贯反感以"麻辣烫"概括川味，常开玩笑说川菜只有一个半菜是"麻辣烫"：麻婆豆腐只好算半个，一个完整的是毛肚火锅。

【陈麻婆】

麻婆豆腐创始于清同治初年，当时成都北郊万福桥有一家陈兴盛饭铺，主厨掌灶的是店主陈富春之妻陈刘氏。她常为过往挑油的脚夫加工豆腐，脚夫们偶尔也买点牛肉，从油篓里舀点菜油，请老板娘烹豆腐。经她烹制的豆腐，麻、辣、烫、嫩，人们越吃越上瘾，名声渐响，因她脸上有几颗麻子，故被称为陈麻婆豆腐。如今，"陈麻婆"已成为以烹制各色豆腐著称的成都著名川菜老字号。

关键技术环节

嫩豆腐切成 1.5 厘米见方的丁，用温水加盐浸泡 40 分钟，捞出沥干。

牛肉剁成末，青蒜切小段，豆豉剁成碎末。

热锅下油烧至六成热时，下入牛肉末煸炒，至水分炒干后，加豆瓣酱、豆豉炒酥，再加辣椒粉翻炒，随后放入酱油、绍酒、普通汤、豆腐，用小火烧入味，加水淀粉勾芡，起锅装碗，撒上青蒜和花椒面即可。

厨师心得

在盐水中浸泡豆腐，是为了让豆腐更紧实、入味。

花椒面是用花椒炒香，碾碎。

此菜实际是道烧菜，有汁有油，均匀包裹在豆腐上，应装碗上桌。

口袋豆腐

　　这是一道已经很少有人制作的名菜，北京饭店的前辈川菜大师范俊康曾将此菜带到 1954 年"日内瓦会议"的宴会上，大受外宾的欢迎。

　　此菜的妙处在于貌似豆浆煮豆泡，入口才知道"豆浆"是醇厚的奶汤，金黄色的豆皮里居然包裹着香鲜嫩滑的"豆花"——大约前辈名厨偶然发现碱水能使豆腐"变回"豆花，匠心独运，发明了这么一道奇特的汤菜，真有夺胎换骨、点铁成金之力。

　　前几年欧洲开始流行一种"分子厨艺"，无非是运用几个小小配方，把原本的热菜变为冷食，看似甜品入口却是咸的，液体变成固体，固体变成泡沫，五色斑斓，幻化无端，愈出愈奇，食客目眩神迷，矫舌不下。可惜，既不好吃，吃下去肚子又不舒服，如今其代表餐厅西班牙的 elBulli（意为"斗牛犬"）已经歇业大吉，其主厨 Ferran Adria 居然开始出书贩卖家常菜了。

　　从改变常用食材的形态层面说，口袋豆腐称得上"分子厨艺"的老祖宗了，厨师的创作却宛如天成，一点都不"隔"，而且充肠适口——这才是美食创新的最高境界。

　　我曾吃过一款"山寨版"的口袋豆腐——把玉子豆腐炸成豆泡，侧面开口酿入馅料，用香菜梗把口扎紧，形如口袋，蒸熟浇汁。这真是化神奇为腐朽，把一道空灵变幻、令人拍案称奇的佳构变成了毫无想象力的拙劣伪作。

还有一事可以顺便说一说，很多中餐厨师把菜品中一直使用的嫩豆腐换成了日本传来的玉子豆腐，此物口感极似豆腐，而实际是鸡蛋（日文汉字为"玉子"）制品，与豆腐无干，味道亦完全不同。我从不反对中餐引进、使用新食材，但为什么要做这种替换，却委实想不明白，望喜欢"创新"的名厨们有以教我。

关键技术环节

北豆腐去掉外层老皮，切成长方条。

将 20 克碱加入 1.5 千克沸水中融化。

热锅下油烧至八成热，下入豆腐炸至六面金黄。

将炸好的豆腐在碱水中浸泡 20 分钟左右，至其皮软、内部成豆花状，将豆腐捞出泡入清水，漂洗两次去掉碱味，捞出沥干。

烧开奶汤，下入豆腐、盐、绍酒、冬笋片稍煮，放入豆苗，撒上胡椒粉即可。

厨师心得

豆腐需专门订制，内部绝不能含有气泡，否则经过碱水浸泡，表皮会破碎，中间的"豆花"会流出。碱水浸泡根据豆腐的老、嫩程度不同，所用时间也不同，这也是此菜最难的一个步骤，碱大会使豆腐碎烂，碱小豆腐又不软，要掌握好碱量和时间。

河水豆花

这是川菜中最富平民色彩的名菜。

我 2013 年去意大利那不勒斯参加一个中国文化周的活动，和一位当地美食家朋友发生了争论，我反对分子厨艺，他反对我的观点。我惯逞口舌之快是出名的，他实在说不过我，最后抛过来一句话："豆腐也是分子厨艺！"我一想，你别说，他还真有道理，从某个意义上来讲，豆腐就是"分子厨艺"——改变了大豆的物理化学形态，提高了其中蛋白质的吸收率（简直是"分子厨艺"的老祖宗），为历来缺乏动物蛋白的中国平民找到了代用品，深入国人的日常生活，功德无量（这就和西班牙人玩儿的那路华而不实的"厨艺秀"有了本质区别）。

所谓"河水"指豆花浸在清水中上桌，这是相对于浸在豆浆中上桌的"混浆豆花"而言；如果用新鲜的青色嫩黄豆，就能做成翠绿豆花；点卤之前在豆浆中掺入少许瘦猪肉茸，还可以做出鲜肉豆花。此外还有"升级版"，用鸡茸、蛋清、淀粉制成徒有其形不含豆浆的"鸡豆花"，"河水"也被鸡清汤替代。

平生吃过豆花不少，最"奢华"的是在青城后山，吃泉水豆花，佐以白果炖鸡、紫笋（野菜，日本称为茗荷）回锅（农家猪肥膘）肉、蒸老香肠老腊肉（外皮漆黑，肥肉透明醇香），滋味之美，至今难忘。最朴素的是在峨眉山脚下的布篷小饭摊吃"豆花饭"，

操作厨师：胡世平

味碟就是粗剁的郫县豆瓣，饭是双季稻的早稻（不仅缺乏"油性"且口感特糙，和东北好大米完全是两个极端），此外就是当地的苦笋（泡好之后并不苦）、甜椒泡菜，我一样吃得风卷残云，盆干碗净，不亦快哉！

【胆巴水】

自流井（自贡井盐核心产区，以钻开盐井后卤水自动涌出地表著称）的卤水制盐后，残留于盐池内的母液，主要成分是氯化镁。也就是平常所说点豆腐用的"盐卤"。

关键技术环节

浸泡：黄豆去杂质，加清水，冬天浸泡 8 个小时，夏天浸泡 4 个小时。

磨浆：将泡好的黄豆重新加清水，用石磨研磨成豆浆，用纱布过滤除去豆渣。

点豆花：将豆浆烧开后，使温度降到 50℃，一边拨动豆浆，一边加入胆巴水，使之均匀渗入豆浆，直至豆浆呈现"豆花凝团"。稍候，待浆质清亮时，舀去豆花上多余的水，余量没过豆花即可。

调味：炒锅烧热，油烧至六成热，放入豆瓣炒出香味，加豆豉、精盐翻炒几下，盛入碗中，晾凉后，加入花椒粉、芝麻酱、蒜泥、芝麻油、辣椒油、味精，调匀，撒上葱花，即成蘸料。

厨师心得

每每回到重庆农村，最爱吃自家制的河水豆花，配上青辣椒剁碎，加大蒜和盐巴调成的味汁，百吃不厌。豆花味道好坏主要取决于用水，乡下的水属"阳水"（经过太阳照射的泉水），而非城市用的"阴水"（地下水），制作出的豆花尤其清香滑嫩。

操作厨师：李强民

开水白菜

此菜火候如果控制得好，看起来白菜颜色与生时无异，仿佛一碗开水里养着鲜嫩的生白菜心，吃起来却鲜美无比；又名"玻璃白菜"——四川茶馆把白开水叫做"玻璃"，特以此形容汤色之清澈透明耳。

在厨房里专门备出高汤作为烹饪原料的国家不多，除了中国，据我所知，还有日本和法国。这种汤在中餐里多数情况下是当作增鲜剂少量使用，功能相当于如今常见的味精、鸡精；偶尔也会大举出动，特别是正式宴会，作为一桌筵席档次象征的头菜，燕窝也好，鱼翅也罢，"挑帘出场"，没有足量的好汤兜底，是不会有"碰头彩"的。

看似开水的鸡清汤堪称中餐里最昂贵的汤了——我酷爱一间高级粤菜餐厅的上汤生面，曾经问过汤的价格，经理回答："汤是不单卖的，老顾客有兴趣，一斤就算一百四十元吧。"我心中有数，这只是成本价，认真算起账来，哪有如此便宜？

很多餐厅为了降低成本，不舍得投料下功夫吊汤，做出的开水白菜真的就像泡在开水里，淡而无味。合格的鸡清汤不仅入口要鲜，还要鲜而不腻、淡而不薄，而且鲜味要能长久保持，咽下之后，五分钟甚至十分钟口腔中还有鲜味存在。用味精、鸡精对付出来的货色，乍一入口，鲜得似乎很有冲击力，但鲜味薄而短，喝下之后留在口中的是水的味道，喝多了还会口渴。

　　汤的成本高，力图俭省还可以理解，有意思的是，我去过的几乎所有餐厅烧这道菜时都不舍得给客人上白菜心，而以大量老帮老叶充数——相对于汤来说，白菜的成本几乎可以忽略不计，况且用掉菜心的白菜尚可派做其他用途，并无浪费——这是为什么，我百思不得其解。

　　最后澄清高汤的工序，川菜、京菜叫"扫汤"，鲁菜叫"吊汤"，苏菜叫"套汤"，手法大同小异，而称呼不同；"扫"的次数越多，汤味越鲜醇；按常规，至少要"扫"两次，"扫"三次就非常"奢侈"了。

☕ 关键技术环节

　　白菜心洗净，下入沸水中焯熟，捞出放入凉水中冲凉，轻轻挤去水分，顺条码在碗中。

　　烧开清汤，加盐、绍酒、胡椒粉调味，撇去浮沫。

　　将清汤注入装白菜心的碗中，沸水旺火上笼，隔水蒸 40 分钟即可。

✋ 厨师心得

　　川菜的清汤与谭家菜的清汤不同，多了猪肉、棒骨、葱和姜等汤料；"扫汤"时不仅要用到鸡肉茸——"白臊子"，还要用到猪肉茸——"红臊子"。

　　更讲究的做法，是将蒸菜心的汤滗去不用，另外加热清汤，浇在菜心上。

甜烧白

又名夹沙肉。"白"者，白煮，猪五花肉之谓也，这道菜也是川厨利用满族白煮的"福肉"，加以改良的结果——后人又进行了一次改良，结果无非是把夹着豆沙的厚厚两片连刀肥肉改成单片，再将豆沙卷入其中，名为龙眼甜烧白。这样改良的结果自然减少了油腻，迎合了时下"恐油惧肥"的心理，却牺牲了原有的质朴、气势和美味，得失之间，委实难言。

甜烧白本来属于"田席"——四川农村流行的筵席，因就田间院坝设筵，故名（《川菜烹饪事典》）——是"九大碗"（又称"肉八碗""三蒸九扣"）中必备的一道。据车辐先生记载，"九大碗"包括"大杂烩、红烧肉、姜汁鸡、烩酥肉、烩明笋、粉蒸肉、咸烧白、夹沙肉、蒸肘子。基本就是这九样，当然也可以从中抽扯变化，……差不多都是以肉为基本做菜原料，肉又必须肉肥皮厚者为上"。（《川菜杂谈·肉八碗、九大碗的发展史》）

从现代医学的角度看，这是一种非常有害健康的食品，却是绝顶的美味。中餐的原材料配搭、调味自有其规律可循：比如越是肥厚的食材，越要多加糖——"猪油、糯米、糖"就是这样一组绝配。谓予不信，请看八宝饭、宁波汤团、脂油年糕……哪一样不是我们童年时的恩物，无论长辈们如何以"不好消化"为恐吓，还是吃得一天星斗，意犹未尽。

■操作厨师：胡世平

　　胡世平的师父喻贵恒大师曾经给我烧过一次甜烧白，不用豆沙，而是将红小豆炒酥，磨成细粉，加入肥肉中间，蒸至极烂；由于豆粉极干，可以充分吸收油脂，所以肥而不腻，且带普通豆沙没有的豆子炒过的香味，很是别致。据老师傅说这是此菜传统做法，不知确否，望博雅君子有以教我。

【宝肋肉】

　　猪中间部分，即脊背下方，奶脯上方，前后腿之间。猪肋骨外层的五花肉偏肥部分，又叫"三线肉"，因为多数是在 3 道白色的肥肉中夹了 3 道红色的瘦肉，如能达到十多层的肥瘦相间，则可称为极品。

关键技术环节

　　选用猪宝肋肉，刮洗干净，用清水煮至八成熟，捞出，抹去皮上油水，趁热抹上一层糖色（shǎi），冷却。

　　将油烧至四成热，猪肉下入油锅略炸，使多余的油析出。再放回水中煮几分钟，使肉皮回软。

　　糯米淘洗干净，浸泡 5 个小时，加白糖，上笼蒸 45 分钟，制成糯米饭。

　　将肉切成 2.5-3.5 厘米宽，8-10 厘米长，0.5 厘米厚的肉片。

　　红豆蒸软，加白糖和淀粉一并擀成沙。

　　将肉片卷上豆沙，皮朝下码入碗中，再将蒸好的糯米饭填在肉卷四周定碗，上笼蒸 40 分钟。

　　吃时翻扣入盘。

厨师心得

　　此菜是 70 年代末期由重庆小洞天酒楼，以"夹沙肉"改良而成。时至今日，无论是猪肉的肥瘦程度，还是猪油的使用情况（传统做法中豆沙应用猪油炒制，而糯米饭也应加少许猪油蒸制），都为保证健康饮食做了改进。

第4章 粤菜

CANTONESE CUISINE

操作厨师：罗粉华

堂灼螺片

"一斤左右的响螺，切头去边老皮，只得二三两肉可吃。……做此菜既考刀功又考灼功，薄厚大小决定此菜的高低，故是潮州菜中的富贵菜之一。坊间有此菜的潮州菜馆不少，惟吃时要附有螺尾才属真正生猛、即开的新鲜响螺。如无螺尾，恐是雪藏货或假冒新鲜货。因螺尾亦是精彩部分之一，丰腴甘香。"——香港出版的《盛宴潮菜》一书如此这般解说此菜，文章不甚通，意思尚属明白，故引用于此。螺尾滋味仿佛某种动物肝脏，我吃过不止一次，确是美味。

这道菜在多数餐厅要"堂做"——由厨师将一辆"鲍鱼车"推到客人桌前，当面操作，现灼现食。在北京这种做法最早用于过桥鲈鱼和鲍鱼、鱼翅、辽参，再后来又有了堂煎鹅肝、牛排。应该承认，"堂做"有其合理性，比如螺片一类的食材，质地有一定的韧性，如果炉灶远离餐桌，上菜时温度下降较多，口感会变硬，香鲜味也会损失不少。但"堂做"也要有所选择，比如煎牛排就不合适——"煎"会产生油烟，牛排中式吃法往往还要加入黑椒，加热时既熏且呛；煎牛排对技术要求很高，多数中餐厨师根本不够水准，于是事先用嫩肉粉之类的东西腌过，结果是怎么煎都不会老，但滋味丧失殆尽，如同一块被人嚼过的口香糖，还有一股苏打的怪味。我在中餐厅从不点煎牛排、牛仔骨、鹅肝之类的菜品，因为根本不是中餐厨师的强项，"堂做"无非作秀而已。

《潮菜掇玉》记载了响螺在潮州还有另外一个吃法——明炉烧：响螺洗净内部，以特制的烧汁，灌入螺内，先腌后烧；熟后取出螺肉，去头、内脏，平刀片成薄片装盘，螺尾随上，淋胡椒油即可。作者潮州名厨方树光师傅多次为我展示此一绝技，与堂灼法的丰腴润滑相比，烧出的螺肉显得干而富于咬劲，越嚼越香，两者各有千秋，未可偏废。

【响螺】

康熙《饶平县志》说响螺"壳可吹号，味甘"，又说其"生海石，行有声"（这大概就是此螺名"响"的缘故吧）。响螺在自然环境中生长缓慢，据说一只一斤重的响螺生长期需要十年。响螺又是一种类似鲍鱼的名贵贝类，其肉质鲜美脆嫩，令人垂涎。（见张新民著《潮菜天下》）

关键技术环节

响螺去壳、头尾和硬肉，只用螺肉中心部分，切大片。
炒锅烧热，下油、姜片、葱条炒香，放入上汤，煮沸后，拣去姜、葱。
将螺片下入煮沸的上汤，焯至九成熟捞出。
可配蚝油、虾酱佐食。

厨师心得

这是一道潮州传统菜，距今已有100多年历史。响螺只有野生的，如今一螺难求，已是继"燕翅鲍参肚"之后的一道新顶级食材。堂灼螺片讲究鲜嫩爽口，要将螺头螺尾和外层硬皮去掉，剩下的软嫩螺肉用平刀切成相连的大片。通常一斤重的响螺，只能出二两螺肉。传统的蘸料有两种，咸味是虾酱，甜味是金橘酱。如今更多的是佐以蚝油或芥末酱油。

冻大红蟹

　　大约由于在北京吃潮菜属于高消费的缘故吧，我接触潮菜比较晚。

　　我学习潮菜，每以有一面之缘的汕头张新民先生所著《潮菜天下》为教科书——此书风行海内，从历史、文化、语言、民俗，到物产、厨艺，上下纵横，追根溯源，举重若轻，对潮菜文化的推广居功至伟。

　　关于冻蟹，《潮菜天下》记载："昔日的潮汕渔民，因为没有冷冻保鲜条件，对海产品的处理不外是'一鲜二熟三干四咸五腌'。……'熟'，就是煮成'鱼饭'。""一些贝壳和虾蟹也可做成鱼饭，比如……用龙虾做龙虾饭，用红蟹做红蟹饭。""……红蟹，学名叫锈斑蟳，属梭子蟹科。潮汕人其实并不如何看重它，……红蟹也有不少优点，比如肉质清鲜，螯长体大，在酒楼中极具卖相。……请客吃饭时点这个菜其实很实惠。"

　　张先生说红蟹卖相好确实有理，海蟹中论熟后色彩艳丽、花纹美观，非它莫属。说它在潮州不被看重，那是早年的话头——由于人工不能养殖，如今两三斤重的大红蟹越来越难找，价格也就没法谈了。

　　冻大红蟹最主要的优点就是原汁本味，故必须以活蟹加工，几乎可以不蘸调料，蟹大肉厚，清鲜细嫩，夏日食之，痛快无比。

　　潮菜大师方树光师傅的菜谱名曰《潮菜掇玉》，作序的是潮州文史专家、曾任韩文公庙"庙祝"的曾楚楠先生，序中说道："清淡，要求

▌操作厨师：罗粉华

菜式的色泽淡雅，气味芬芳，不油不腻，突出主味，去除杂味。清淡并不意味简单、简易，不是淡而无味，而是淡中求鲜，清中取味。亦就是说，在食料的配搭上，要以少少许胜多多许，最大限度地保留食物的原汁原味。"——曾先生不仅是潮州文史专家，也是当之无愧的美食大家，短短几十个字，举重若轻，探骊得珠，点出了潮州菜、中国菜乃至全世界所有美味的真谛。

【打冷】

冻蟹是地道的潮州渔家菜，本地称为"鱼饭"，外地人叫做"潮州打冷"，有冷盘的意思，品种除了冻蟹与龙虾，还有各种冻鱼。所谓"鱼饭"，不是以鱼煮饭或下饭，乃"以鱼当饭"之意——指在没有冷冻保鲜条件的时代，不经打鳞剖（音"汤"）肚去鳃，装于竹筐或竹筛内用海水或盐水煮熟的海产品。鱼饭能保持原料的本味，一般可保鲜三至五天。（见《潮菜天下》）

关键技术环节

选料：此法一定要选择鲜活的红花蟹，肉质嫩而甜，鲜而无浓重的海水味。

蒸熟：20-25 分钟蒸煮熟后，放凉，常温保存。

冷吃：潮汕所谓的"冻"实为冷吃，绝非冷冻之后食用。此蟹以鲜取胜，不必佐食任何蘸料，已足够鲜美。若喜重味，可蘸姜米醋——姜米和陈醋调匀而成。

厨师心得

红花蟹以潮州海域出品最鲜，为了保持蟹腿、蟹钳在蒸煮时完整不掉，可以将红花蟹浸入冷水，待其死后即刻上笼蒸熟。完全不必将其放入冷柜冰冻，这样只会影响红花蟹肉质的口感。

▌操作厨师：罗粉华

古法炊鲳鱼

"炊"者，蒸也——所以武大郎所售"炊饼"并非烧饼，而是蒸熟的馒头。

上世纪九十年代之前，中餐的清蒸鱼多数是不用酱油等有色调味品，成品保持色泽清淡、原汁本味的；自从粤菜大行于世，又几乎是一边倒的凡是清蒸鱼一律撒葱丝，淋沸油，再浇蒸鱼豉油，想吃一口非粤式的蒸鱼只能求诸梦境了。

一年春天，北京一家著名餐厅请我赴宴，老板大方好客，给每人都上了一条清蒸刀鱼。一看先上的居然也是豉油蒸，我实在心疼那条千里迢迢运来北京的刀鱼，不怕讨嫌，请来厨师长商量能否只用盐、料酒、葱、姜清蒸，厨师长也真负责，反复跟我确认这样蒸出的鱼是能吃的，我哭笑不得，只能暗暗叹气而已。

究其实，加豉油蒸鱼的手法属于广府菜（粤菜中以广州菜为代表的珠江三角洲风味，其他两个重要分支是潮州菜和东江菜）。即便是广府菜的蒸鱼，亦绝非只有加豉油清蒸一种，仅江献珠女士的《钟鸣鼎食丛书 3·蒸煮》中就记载了古法蒸、三豉蒸、榄角蒸、子姜仁稔酸笋蒸；"古法蒸"的配料有火腿、冬菇、猪肉三种细丝，最后勾芡浇在鱼上，与其他菜系的蒸法几乎一致。

况且，传统做法的蒸鱼豉油是由厨师自己用上汤、鱼骨熬成鱼汤，再加入糖、顶级生抽、味精等原料烧沸和匀而成，如果只会从超市买来工业化豉油成品往鱼上浇，生产统一由工厂调味的蒸鱼，还要厨师作甚？

同属粤菜，潮州的蒸鱼手法如今真可算是空谷足音——原汁并不弃去，不失本味；以唐芹祛腥提香，清爽别致；肥肉丝约略起到猪网油增加肥润的作用（鲁菜、苏菜蒸鱼要裹上猪网油的）；最妙的是加入本地土产从来不加糖色的普宁豆酱，增鲜提味的同时避免了豉油、酱油特有的"腥气"，还保存了鲜鱼原本的清亮颜色——我当然一见倾心。

【鹰鲳】

又名斗鲳，其特点是头似鹰鼻，身扁似菱形，尾鳍短阔，大的一条重达五斤以上。鹰鲳肉质细嫩肥腴，味厚鲜香，刺少骨软，是所有鲳鱼里肉质和口感最好的。渔民有谚云："鹰鲳鼻，马鲛尾"，足见其在海鱼中的地位。

关键技术环节

将冰鲜鹰鲳治净，用精盐把鱼的里外擦遍。

葱白切段垫在鱼下面，依次将芹菜段、火腿丝、冬菇丝、姜丝码在鱼上面，淋上油（原来用猪网油，现在考虑健康因素，已少用），上笼以旺火蒸约15分钟。

将鱼取出，拣去葱段，用原汁在锅内烧开，加普宁豆酱调味，勾薄芡，浇在鱼上即可。

厨师心得

同为粤菜，潮州蒸鱼的方法与广府菜不同。广府菜鱼蒸熟后会倒掉多余汤汁，在鱼身上放葱丝，淋热油和豉油；潮州则不用豉油，与芹菜、冬菇、火腿、姜丝同蒸，保留原汁，以豆酱调味，勾芡，口味比较清淡，突出的是海鲜的本味。

潮州卤水鹅肝

欧洲人也有到食品店买各种熟食打包带走的习惯，品种异常丰富，各种火腿、生熟香肠、肉酱、肝酱、烤肉、腌渍或凉拌的海鲜或蔬菜，满坑满谷，五色缤纷，不仅漂亮，而且飘出奇异的香气，诱人食欲。不过，他们没有卤水。

北京原来也没有卤水，与之类似的是酱肘子、猪耳、口条、猪肚、猪肝、猪头肉，早先归盒子铺后来归副食店的熟食柜台发售。大人懒得做菜了，就打发孩子去买一点回来，下酒、卷饼都好，肥厚鲜香，有嚼头，是我儿时煞馋的恩物。卤水流行是上世纪八十年代粤菜北上以后的事情，又过了好久才知道卤水以潮州为正宗。但在北京吃的卤水多数药味太重，鲜味不足，并无什么特别的魅力。

直到去潮州问茶，吃过当地的出品，才一下子爱上了卤水，各色食材一经卤过，无不馨香美味。潮州卖得最贵的卤水是老鹅头，无缘见识，我最爱的是卤水鹅肝。潮州美食家张新民先生与我同好，自称"肥鹅肝爱好者"，他认为鹅肝"品质好坏实在存在着天壤之别。好的鹅肝，肥美丰腴，入口即化，唇齿留香，回味无穷……；而差的鹅肝，腥硬乏味，入口难咽。潮汕人习惯将好的鹅肝称为'粉肝'，而将差的鹅肝称为'模肝'"。（《潮菜天下》）

我总觉得北京的卤水鹅肝没有潮州的美妙，离张先生所言境界甚远，请教当地朋友，他们认为潮州都是现杀现制，冷藏运至北京再卤，

操作厨师：罗粉华

风味损失不少；另外，当地在切片之前都将鹅肝浸在卤汁和鹅油中，以保证嫩滑，北京则不见这样细致的保存手法。

　　曾经和北京厨师张少刚一起向潮州名厨方树光师傅请教卤水的秘诀，承他见告，最重要而且大量使用的香料是南姜，一锅卤汁的成本不过几百元；少刚大惊，他在北京了解的成本要好几千，里边还要加蛤蚧之类的中药材，这回轮到方师傅吃惊了。我在旁边搭腔："幸亏您来趟潮州，不然方师傅都不知道卤水里还要加蛤蚧！"

【卤水】

　　即卤汁，第一次现配，用后保存得当，可以继续使用。经常制作卤制品并保存好的卤汁，称为老卤（又称老汤），有些老店甚至保存有上百年的老卤。

　　一般卤汁的配方分为南卤、北卤两大类。南卤又有红白两种。潮州卤水当属红卤，其用料包括八角、桂皮、甘草、草果、丁香、南姜、陈皮、罗汉果等等，加沸水、酱油、绍酒熬煮而成。（见《中国烹饪百科全书》P350，《中国菜谱·广东》P345）

【狮头鹅】

　　原产广东潮汕饶平县，羽毛灰褐色或灰白色。头大眼小，公鹅脸部有很多黑色肉瘤，并随年龄而增大，略似狮头，故名。（见《中国烹饪百科全书》P136）

关键技术环节

　　选汕头 1-2 年的狮头鹅鹅肝，用清水冲洗干净，捞出晾凉。

　　将老卤煮沸，整块鹅肝下到卤水中慢火卤 20 分钟，熄火浸 10 分钟，切片之前将鹅肝浸在鹅油中，以保证嫩滑。

　　卤制好的鹅肝切片，上桌前淋上卤汁、麻油。

　　佐以蒜泥米醋：潮州卤水的蘸料，用蒜蓉、米醋、糖，加少量辣椒调制而成，不酸不腻，起到化油的作用。

厨师心得

　　这是一道潮州传统菜，所选的鹅肝与法国鹅肝不同，少油，口感更细滑，煮至刚刚熟为最佳。潮州卤水的用料、用量每个师傅都不一样，可说是一家一味。

▊操作厨师：彭爱强

白斩鸡

　　这是小时候父亲常做的拿手菜，也是我的最爱。

　　在家里做这道菜要用到一个特殊的工具——蒲墩，一个中空有盖的草编圆柱，里面正好能放下一口中号铝锅，而这口锅里刚好能放下一只整鸡。

　　父亲买来一只嫩鸡活杀（在上海要用三黄鸡，广东则取清远鸡，在北京就选农家养的嫩母鸡），放净鸡血（加盐，凝固成血豆腐），开膛掏净内脏；烧一锅开水，加姜块、料酒，把鸡浸入，略煮，端下，放入蒲墩，加盖焖熟；冷后捞出，涂以香油，晾凉，斩块即可。父亲最得意的是斩鸡时，骨髓断面鲜红带血，鸡肉刚好浸熟，这种火候的鸡肉蘸掺了香油的酱油吃，皮脆肉滑，又鲜又嫩，美味无比，至今思之，口角垂涎。

　　后来有机会去上海吃小绍兴鸡粥店的白斩鸡，发现调料是酱油、糖、葱花、姜末；而粤菜的白斩鸡则以葱丝、姜茸、盐、热花生油调制的葱姜油蘸食。父亲的烹制手法家常而简便，无论沪、粤，都要将鸡反复捞出、控净腔内水分，再浸入开水或鸡汤，最后还要浸入冰水降温。

　　此菜广东、上海皆有，而《中国烹饪百科全书》列为广东菜，同时又在"上海小吃""小绍兴鸡粥"条内详细介绍了白斩鸡的做法。家祖母是浦东土著，父亲生长沪滨，我从小吃的自然是上海风味的白斩鸡，但尊重前辈权威，还是将此菜列入广东菜范畴。

计划经济时期，鸡的内脏也不能浪费，父亲不嫌麻烦，分别治净，切片切段，投入浸鸡的鲜汤，加血豆腐、盐、料酒，氽熟，此即上海所谓"全色鸡血汤"，汤很清，表面漂浮点点黄亮的鸡油，撒上白胡椒粉，趁热食之，痛快淋漓，远胜我吃过的任何饭店的出品。

【清远鸡】

原产于广东省清远市，又名清远走地鸡，是家养土鸡。它以体形小、皮下和肌间脂肪发达、皮薄骨软而著名。（见"百度百科"）

【白卤水】

传统的广东白卤水，是以八角、丁香、甘草、草果、干沙姜、花椒、桂皮用纱布裹着，放入瓦锅，加入沸水用小火熬约 1 小时，再加入精盐即成。

而现在酒楼用的白卤水，多是以鸡骨、猪骨熬煮 6-8 小时吊制出的高汤，没有太多香料，也不放药材，只下海盐加味而已。

关键技术环节

清远鸡治净。

白卤水烧开，将鸡放入，为了让鸡的内外温度保持一致，初放进锅时，将鸡反复提出两次，倒出腔内汤水，再放回锅中。之后改小火，以水不滚开的状态浸煮 15 分钟，实则将鸡浸泡熟，以避免沸水将鸡皮滚烂。

将鸡从热锅中捞出，放入冰水（即为有味的白卤水放凉，入 -20℃ 冰柜冷藏，因有胶质及盐分，因此不会结冰）冷却，浸泡半小时后，斩件上桌。

佐食蘸料：姜蓉、葱花、海盐融化，浇上 180℃ 热花生油即可。

厨师心得

此菜出品皮爽肉滑入味，其鲜嫩程度可以鸡大腿骨横切面是否可见红来评判。

东江盐焗鸡

余祖籍广东大埔，鄙县历来属潮州管辖，为“潮府九邑”之一，改隶梅州是很晚近的事。但无论归属哪一州，自秦末以来就是客家人的聚居地当无可置疑，至少是广东客家菜（又名“东江菜”）的发源地之一，说起来真是与有荣焉。

盐焗鸡特别冠以“东江”，不折不扣是客家名菜，而且我一直疑心此菜历史悠久，发明远在秦末汉初赵佗的中原军队驻留岭南之前，是中原移民带到南粤地区的古代先民原始烹饪技法的孑遗。

人类学会用火之后最早的烹饪技法是烧、烤（前者将食材抛入火中，后者则架在火上），然后就是“石烹”——利用烧得滚烫的石头（最好是河床中小粒的卵石）来传热烹熟食材，之所以认为这种技法出现较早，主要是石头易得，而且只需一个石窝或土坑就可烹饪，无需借助任何其他盛器，所以应该在必须利用陶器的煮、蒸之前出现。陕西至今还有小吃石子馍，即为用加热后的小石子将食材掩埋石烹的活化石。

至于以大粒海盐替代石子是在中原地区的原创还是到南海之滨后的就地取材，就不好说，也不重要了。重要的是这个改良很有道理。《中国烹调技法集成》一书认为，“盐这一物质导热性能好，受热快，传热也快，用它来作为导热介质有三个优点：一是烧红的盐粒能够保证原料成熟，并取得质感脆嫩所需要的温度”；二是能同时使部分盐

▌操作厨师：彭爱强

分进入鸡肉,增加滋味;三是纱纸包裹和盐粒掩埋有一定的密封性,能锁住鸡的香气,免于流失。

我曾回大埔寻根问祖,不止一次吃过此菜——故里的烹饪技法是朴素平实、不尚雕琢的,即便是酒店里的菜品也富于农家腊酒鸡豚的风光,但好处是没有饲料"养殖"之弊,而且原料新鲜,不入冰箱。特别是盐焗鸡,皮脆肉滑,鸡味十足,咸香入骨,在大城市是无论如何也吃不到的。

【湛江鸡】

产于广东湛江的三黄鸡,特点为生长速度慢,肉质纤维结实,易积聚养分。成菜外表金黄油亮,入口皮爽肉滑,香味浓郁。(见"百度百科")

【沙姜】

姜的一种,有特殊香味,也可作药用。(见《中国菜谱·广东》P149)

关键技术环节

选2斤左右湛江鸡,治净。

洗净,晾干水分,将盐焗粉(沙姜、盐、黄姜粉混合)均匀搓在鸡皮上,按摩十来分钟,至鸡皮透明,鸡肉松化。另外,鸡肚子中也要放入两勺,腌制1小时,使鸡入味。

用旺火烧热炒锅,下海粗盐炒热至略呈红色。

取出一部分炒热的海粗盐放入土砂煲,将腌制好的鸡用油纸或纱纸包裹起来,放在海粗盐上,再将剩下的炒热的海粗盐盖在鸡上面,盖盖焗熟,历时需1小时以上。

把鸡取出,撕肉拆骨,再按原鸡形码放回盘中。

将盐焗之后鸡肚子中流出来的原汁,作为佐食蘸料。

厨师心得

盐焗做法最重要的是:咸淡把握,熟嫩掌控——不要过熟,要皮爽肉滑;也不要太生,须骨不带血。

▌操作厨师：罗粉华

烤乳猪

还不到十岁，我就知道有这么一道广东名菜。尽管那时我住在北京的郊区，也从未梦想过能一膏馋吻，但印象之深，甚至超过烤鸭。那时候可供小学生读的课外读物少得可怜，父亲托人买来的几本菜谱就成了我的闲书，即便对文字一知半解，书里还有印刷极其粗糙的彩图呢。

《中国菜谱·广东》（中国财政经济出版社，1976 年版）记载的烤乳猪要"两吃"：先食皮，再食肉和腰子，共分两次上桌，每次都要在盘中砌出整猪的形状；以千层饼、酸甜菜、葱球、甜酱和白糖佐食——从上世纪八十年代粤菜进京到现在，我都没见过与此完全相同的吃法，看来是被"改良"了。

不用说，这是满族"烧小猪"的广东版——粤菜中和驻防旗人有关的菜品不止这一个，烧鸭自不待言，我甚至疑心菜包鸽松也是从旗人"吃包"（以生白菜叶涂黄酱，裹食切丁的小肚、酱肘、香肠、摊黄菜、炒麻豆腐等）的食俗衍化而来。

烤，我以为是人类发明的第二种烹饪方法（第一种是森林火灾中学会的直接把食材抛入火中"烧"），把动物类食材架在火上，热效率提高，可以控制温度、时间、受热部位，使之均匀熟成，比"烧"进步太多了。而且油脂受热渗出，会产生诱人的香气，还能使表皮变得酥脆可口——人类最早期的这种美食记忆无比深刻，时至今日，很多人还是受不了街边烤羊肉串小摊的诱惑，就是种因于此吧。

近年此菜又"升级换代"，称为"冰烧三层肉"：只取薄厚均匀、五花三层的腩肉，烤出"芝麻皮"，斩成三分见方、高约半寸的小块，佐以酸味的西餐芥末，另是一番风情。

♨ 关键技术环节

宰净：将乳猪放在案板上，从嘴到尾骨，沿胸骨劈开平铺（不要劈破表皮），挖出除了肾以外的内脏，洗净沥干。

腌制：将五香盐（五香粉、八角末、精盐、白糖调匀而成）均匀涂在猪腔内，用铁钩挂起，腌制半小时，晾干水分。再用豆酱、腐乳、芝麻酱、汾酒、蒜、白糖调匀涂抹在猪腔内，腌制 20 分钟。

挂皮：用清水清洗表皮油污，再用沸水淋遍猪皮，最后用排笔刷上烤乳猪糖醋（将麦芽糖、白醋、熏醋、糯米酒调匀，加热溶解，略风干。

炭烤：点燃炭炉，乳猪放入，用小火烤 15 分钟，至五成熟时取出；变换位置，将乳猪四肢伸展开，捆扎好，用花生油均匀扫遍猪皮，再放入炭炉，约烤半小时，至猪皮呈大红色。

排气：烤制时烧叉转动要快速、有节奏，火候要均匀，当猪皮上烤出细泡时，要用小铁针轻轻插入排气，这样烤出的猪皮即为芝麻皮。

上席：表皮横竖切成 32 块，先食猪皮；再将猪体分切拼回猪形，二次上席。

蘸料：可选用两种蘸料，即乳猪酱（以甜面酱加工，炒出香味即成）和白砂糖。

♡ 厨师心得

如今，玻璃皮烤乳猪很少见了，由于是挂炉烤的，卖相虽好而口感稍逊，皮硬而不酥；芝麻皮的乳猪，经转炉烤成，皮酥松，肉质嫩，更受欢迎。

蜜汁叉烧

叉烧之美，在于甜与咸、肥与瘦、软与硬、干香与丰腴互为表里、矛盾、混杂、纠缠、你中有我我中有你，仿佛"不是冤家不聚头"抵死缠绵的一对恋人。随便拈一块入口，必须反复咀嚼，直到口中的全部味觉、触觉充分体会上述感受之后，才能咽下——这是一种特别的、唯一的、无可替代的感受。品尝其余烧味，如乳猪、鸭、鹅，也足够幸福，但幸福的内容与叉烧是截然不同的。

肉必选枚头肉，这块肉有肥有瘦，瘦肉中脂肪丰富，介于肥瘦之间不肥不瘦亦肥亦瘦的部分最为美味。烤熟之后，肥肉不腻带点脆劲，瘦肉有咬劲而不柴，还要有浓郁的南乳和白酒香，才算合格。有的厨师水平不够，或为降低成本未选枚头肉，腌肉时还掺入嫩肉粉，叉烧的口感、香味顿失，只剩下一团软塌塌、嚼不烂、充满苏打味的东西赖在口中，吐也不是咽也不是。

我小时候，北京的副食店熟食柜台也卖叉烧肉，实际是加了红曲粉的卤猪肉，外形是方块而非条状，猪肉的部位也不对，几乎全瘦，大约是通脊，绝非枚头肉，自然也没有烤肉的香味和口感。但由于比一般的酱肉多加了糖，甜中带咸，显得很别致，在一堆色重味咸的北方肉食里显得鹤立鸡群，还是很受欢迎的。

《广府味道》一书形容叉烧与广府人生活的关系颇为有味："广

▋操作厨师：罗粉华

府'烧味'家族以其皮甘香酥脆、肉入味多汁的强大魅力，占据了广府人日常餐桌的一席之地。""叉烧既可以攀上豪华酒店精致高雅的餐台，又可以潇洒地悬挂在肉菜市场的小档口，任下班后匆匆赶来'斩料'的人零沽几两回去。对广府人而言，叉烧是亲切随和的，可以任人'瘦叉'、'肥叉'地呼来唤去，还可以无怨无悔地被人剁碎来包进包子里。"

食在广州，名不虚传，于此日常饮食生活细节可见一斑。

【糖浆】

用沸水溶解的麦芽糖，冷却后加入熏醋、绍酒、干淀粉搅成糊状即成。

【玫瑰露】

是天津地方名酒，选取用天津上等高粱酒为母酒，配兑精选良种玫瑰，采用传统工艺加工而成。粤菜中惯用此酒制作腊味和烹调河、海两鲜菜肴味道极佳（《中国菜谱·广东》记载腌料用的不是玫瑰露，而是汾酒）。

关键技术环节

腌：取猪枚肉，切成半寸厚长条，加精盐、白糖、酱油、豆酱、玫瑰露拌匀，腌制一晚为好。

烤：将肉条挂成一排放入烤炉，中火烤约半小时，两面不断转动，至瘦肉部分滴出清油即为熟。取出略晾后，均匀淋上糖浆，放回烤炉再烤2分钟即可。

厨师心得

叉烧说来简单，无非就是腌制后烤熟；但要做出内咸外甜、瘦肉焦香、肥肉甘化，除了选肉很重要，就是对腌料和火候的把握，足以考量厨师功底。

糖醋咕噜肉

又名古老肉。至于此肉哪里"古老",与"咕噜"的关系仅为一音之转还是有别的什么关系,迄今为止没有查到令人信服的说法。但定为粤菜是没有问题的,上海也有古老肉,是老字号杏花楼的拿手菜,而杏花楼乃是粤菜馆(早年自制广式月饼名扬沪滨)。

很多外国人喜欢中国菜,其实是有局限的(比如一旦遭遇我们热爱的下水,立即掩鼻疾走,其实英、法、德、意诸国皆有食禽畜内脏的习惯,更不要说日、韩了,大可不必如此作态的),以我的经验,多数人口感喜欢酥脆,味型雅好酸甜,所以咕噜肉无论品质如何都足以横行世界中餐馆而魅力永恒。

我也是此菜的爱好者,小时候父亲每治咕噜肉,肯定会被吃到盆干碗净,还能多吃半碗米饭——喷香、油亮、酸甜的糖醋汁拌米饭,有几个小朋友能抵御这般诱惑呢?

此菜虽常见,但并不简单。

首先是选肉,我手头的三本书记载就各不相同。《上海名店名菜谱》(金盾出版社)道是"去皮半肥瘦猪肉"(家父也作同样选择),《食在广州——岭南饮食文化经典》(广东旅游出版社)说主料是"无皮五花肉",香港美食家江献珠女士以为应取"猪鬃肉(俗称枚头肉)"——孰是孰非呢?我亦不好判断,但总要有肥有瘦才好。

　　同样重要的还有芡汁中的甜酸味，《上海名店名菜谱》说以"糖、白醋、细盐、番茄汁调成"，《食在广州》则只取"盐、糖醋"，江女士在《古法粤菜新谱》（万里机构·饮食天地出版社）中记载："传统的甜酸汁是用山楂调色调味"，反对乱加色素或茄汁，而她本人所用调料却是浙醋、黄糖、老抽、盐、鸡汤。我亦反对色素和茄汁，至于使用山楂恐怕只能是传说了。

　　此菜要求外脆里嫩，肥而不腻；甜酸开胃，不可过酸、过甜；食毕盘无余汁，自是不消说的。

【枚（梅）头肉】

　　又称猪肩肉或肩胛肉，是来自猪的前臂上半部、较厚的部分。由于梅头肉布满非常密集、有如大理石般的脂肪纹，故能在烹调途中保持肉质油润，却不油腻，特别适合烧烤、卤水、焖煮等菜式。

🍲 关键技术环节

　　将枚头肉改刀成榄核形，用盐、汾酒腌制 15 分钟，加上鸡蛋液和湿淀粉搅匀，再粘上干淀粉。

　　烧热锅，下油烧至五成热，把肉块逐渐放入，炸约 3 分钟，离火炸浸约 2 分钟捞出。

　　把锅放回炉上，油至五成热时，再将肉块下锅炸 2 分钟，呈金黄色后捞出放在漏勺中沥油。

　　将蒜、少许辣椒爆出香味，加葱、糖、醋，烧至微沸，湿淀粉勾芡，随后倒入肉块和菠萝片拌炒，淋上香油和花生油炒匀出锅。

💗 厨师心得

　　这道菜传统做法中伴炒的应该是冬笋块，如今都用菠萝替代，或许是为了与此菜酸甜口相得益彰。除了要选择新鲜枚头肉，还要特别注意肉改刀后的大小、厚薄要适中，油温控制时间也很重要，才能做到外脆内滑有肉汁。

咸鱼蒸肉饼

大澳是香港大屿山西北一个历史悠久的渔村，几百年来在珠江口一带的港湾中最称繁盛，一度是香港海鱼的主要供应基地，加上宋代以来就盛产海盐，地利如此，咸鱼如果不出名，反倒是一桩怪事。

提起大澳咸鱼，莫不推崇马友、曹白。马友鱼学名四指马鲛，脂肪高出一般的鱼类甚多，蛋白质含量丰富，肉质细嫩；特别与众不同的是腌制之后其肉会一层层分开。曹白鱼又名鲙鱼、鲞鱼，学名鳓鱼，味鲜肉细，号称海鱼中鲜味第一；鳞片脆嫩酥香，亦属不可多得的美味；惜乎其刺细如牛毛，错杂参差，如欲鲜食，非海滨老饕难以应付。

大澳咸鱼的炮制自有其独到之处，不像有些地区不得已才把挑剩下不新鲜的鱼腌成咸鱼，而是在合适的季节专为炮制咸鱼而捕鱼，批量的鲜鱼经过简单处理，直接放入盐箱或盐桶，腌够时间后捞出，再进一步加工、晾晒。炮制咸鱼的方法主要有汤捞法、插盐法——前者不去内脏就腌，后者去内脏后通过鱼鳃插入海盐再腌——渔民会根据季节和天气变化选用。

腌制过程中，高浓度的盐渗入细胞，使水分渗出，内部组织更加紧密，味道变浓，还能防止腐败菌的污染；与此同时，蛋白质在鱼内脏中酶的作用下分解成氨基酸，产生新的美好风味；某些微生物的繁殖还能产生特殊的香（有人以为是臭）味。同一鱼种由于发酵时间长

▌操作厨师：林劲松

短不同，能制成不同风味的咸鱼——发酵时间较长的肉质松软，香味浓烈，称为"霉香"；时间较短的香味清淡，鱼油渗出较少，称为"实肉"。

咸鱼，爱之者以为馨香无匹，为之胃口大开；恶之者以为腥臭难当，为之掩鼻疾走——人之于味，实有不同嗜焉。但是西洋人却并无品头论足的特权，因为他们酷嗜的部分奶酪其臭味之浓甚至超过霉香咸鱼。

此菜还有一个关键点，就是肉馅必须手剁，而且要掺入肥膘，如果借助绞肉机，蒸后凝结成僵硬的一坨，绝无松软腴美可言，直接退货可也。

日前和朋友在家全七福小聚，有人携来 21 年陈的苏格兰单一纯麦芽威士忌一瓶；我福至心灵，请店家香煎一份马友咸鱼佐酒，阖座称善，以为绝配。附记于此，以俟知味同道。

关键技术环节

咸鱼肉去掉骨切成小粒、猪肉切粒、马蹄切粒和姜丝拌在一起，剁烂成肉茸。

把肉茸放在碗内，加入精盐、干淀粉、胡椒粉一起搅拌至肉茸产生黏性，放在碟上摊平成饼状，另切两片咸鱼铺在肉饼上，淋上植物油。

旺火烧开蒸锅，再将肉饼上笼，蒸约 7 分钟端离火口，利用余热焖 3 分钟再打开锅盖取出肉饼。

厨师心得

此菜选用马友鱼最好，肉质丰厚而鲜嫩，肉饼上铺放的两块咸鱼，一是可以和肉饼一起配食，强调咸鱼的味道；另外也是为了让食客亲眼看到咸鱼蒸肉饼所用的好食材。

操作厨师：彭爱强

东江酿豆腐

　　母亲有一道看家菜——蒸茄盒。做法是取老嫩适中的圆茄子去蒂，切成片，尽量切得深一点但不要切断，使靠近茄蒂的部分依旧相连，合起来还是一个完整的茄子；每一刀口都逐次嵌入调好味的猪肉馅（当然馅料越多越好，以合起来不溢出为度），放入大碗，上锅蒸烂。我从小不太喜欢吃茄子，以其淡而无味，颜色又不漂亮，但每食蒸茄盒，爱其软烂香滑，腴而能爽，淡而有味，一人可尽半个茄子。

　　用烹饪术语讲，这可算一道"酿"菜，这是广东说法，来源很早，与宋代的叫法一致；北方称之为"瓤"（读如"让"），以名词作动词用，倒也形象生动——然自上世纪八十年代以来，南风北渐，粤菜大行于世，餐厅无分南北遂都用"酿"字了。

　　江南也有"酿"菜，但不一定以"酿"名之，家常如油面筋塞肉、田螺塞肉、鲫鱼塞肉，宴会菜有八宝鸭、金钱鱼肚、知了白菜。

　　"酿"的历史悠久，《礼记》记载先秦时期的菜肴"濡鸡""濡鱼""濡鳖"就是把蓼填入鸡、鱼、鳖腹中，再烧——这里的蓼应该用于调味，是不吃的——故只可视为"酿"的雏形；南宋《山家清供》所载"蟹酿橙"，是将橙子掏空，做成带盖的容器，填入蟹肉，加盖蒸熟——已经是非常成熟的"酿"了，也是"酿"的最早文字记载。

　　粤人好"酿"，蔬食如苦瓜、茄子、冬菇、辣椒，荤料如鸡、鸭、鲮鱼、蟹钳、鱼肚，皆可"酿"，"酿"好之后不仅可以蒸，还可以烧、煎、炸。

关于此菜来源，有一个流行的传说：客家人从中原来到南粤，过年想吃饺子而此地不产麦子，于是有聪明人在豆腐上挖洞，酿入肉馅，煎成金黄，再加汤煲熟，以代饺子——是耶？非耶？我对国人关于饮食史的传说从来介于信与不信之间，只有两点可以确信无疑：确是客家菜的代表作，确实好吃。

【酿】

烹调技法中没有"酿"或"瓤"，它属于切配技法里的"瓤配法"，要求把切成粒或搅打成馅、泥子（粤菜称为"胶"）的辅料填入主料中，或紧密粘贴在主料的一面，然后再烹制，多数蒸熟，也有烧的。

关键技术环节

选口感滑嫩的南豆腐，如自制，黄豆和水的比例控制在 1:3。

将去皮猪肉手工剁碎，加小葱、盐和胡椒粉调馅。

豆腐挖孔，拍上少许生淀粉，再酿入肉馅，可防止肉馅散落。

煲底加油，将香芹、冬菇丝、洋葱、小葱等配料放入煲底，豆腐同时在旁边的灶火用平底锅两面煎至金黄。

将豆腐放入煲内，加入预先调好的卤水（清鸡汤＋大地鱼粉调制的卤汁），加盐调味，加酱油调色，用中火焖2分钟，收汁勾芡，撒上葱花、胡椒粉便可。

厨师心得

这道菜需要原锅上桌，香浓软化，有大地鱼粉（左口鱼晒成干，剥去头、皮、骨，只取鱼肉，放入烤箱，300℃烤至干香，研磨成粉）特有的鲜味，是东江冬令家常菜。

炸普宁豆腐

　　豆腐，是正儿八经的中国国粹。爱吃的人喜欢得不得了，也有不少人表示冷淡——无他，以其没有什么特别的好味而已，正属于袁枚所谓"无味者使之入"的范畴。

　　各地厨师为了使豆腐入味，殚精竭虑，花样百出——比较家常的，无非加点肉末、肉汤、大油使之味厚，或者大量加入豆瓣酱、花椒末使之味重如陈麻婆；讲究一点可以选火腿、家乡肉、河蚌与之同煮，用高汤、蟹粉也不算出格；更有大动干戈者，干脆把豆腐捣烂，加入高汤、蛋清、淀粉，再重新加热定型。总之，不把豆腐折腾得不像豆腐不算完事。

　　不好意思，不才区区原本也是不爱吃豆腐的，也主张豆腐是不厌大荤厚味的。当然，这是在吃过普宁豆腐之前。

　　普宁豆腐是世界上豆腐味最浓的豆腐。浓到什么程度呢？潮州佐食豆腐的传统蘸料竟然只是韭菜盐水，而且老实不客气地说，根本淡而无味。就是蘸着这一点点若有若无的咸味入口，如果你是第一次吃普宁豆腐，你一定会惊奇震撼——哇！这豆腐的豆腐味也太浓了！

　　普宁豆腐还是世界上最嫩的豆腐。嫩到什么程度呢？炸豆腐吃到嘴里，不像豆腐，仿佛是一层薄薄的脆壳裹着一包浓浓的豆浆。这种绝顶嫩度来源于普宁特殊的"点卤"工艺，石膏中要加入番薯粉水，

操作厨师：罗粉华

才能保证豆腐既能够凝固，又保有如此之高的含水量。

我口重，总觉得传统的蘸料没能百分之百衬托出豆腐之美；有一次福至心灵，试蘸同为当地特产的普宁豆酱，以豆配豆，没有任何干扰、隔阂，而且豆酱"咸鲜平正，馥郁甘芳"（张新民著《潮菜天下·熟过老豆酱》），使豆腐顿时生色不少。只是此物太咸，一定要点到为止。

我以为，美食的最高境界是——给你一块豆腐，一吃，就是豆腐味，但人世间怎么会有这么好吃的豆腐呢？

【普宁豆酱】

如果感觉韭菜盐水作为蘸料，味道过于寡淡，也可选普宁豆酱配食，香味浓厚，颇具潮汕特色。

普宁豆酱是广东潮汕的特色调味品，味道咸鲜带甘，以优质黄豆泡蒸（煮）熟后经天然发酵而成。

关键技术环节

普宁豆腐切三角块。

旺火热油，放入豆腐块，炸至外皮金黄（普宁豆腐有一层外皮，因此油炸时间不必过长，5-6 分钟即可）。

将豆腐块捞出沥油，以吸油纸吸走多余的浮油。

韭菜切末，红椒切细丁，加一汤匙盐，用凉开水调均，做成蘸料。

将炸好的豆腐块码在蘸料碟周围上桌。

厨师心得

潮州水质好，这也决定了普宁豆腐是其他豆腐所无法取代的。黄豆一样，水质不同、配比不同，做出来的豆腐味道必然不同，即使是潮汕本地，每个县的做法都不尽相同。水多一些，盐卤点得恰到好处，豆腐就嫩些；反之豆腐就老、豆味重。

▌操作厨师：林劲松

蟹黄扒豆苗

　　绿叶蔬菜是健康食品，但小孩子多数不爱吃，除了口感、香味、鲜美程度不如鸡鸭鱼肉讨人喜欢之外，色调偏冷，不能刺激食欲，也是重要原因。

　　世界上多数诱人的美味都是暖色调的，红、黄、紫、粉红、橘红、杏黄、金黄之类的颜色一见就使人产生食欲，白色的刺激性已经打了折扣，黑、绿之流就要靠营养学家宣传如何有益健康诉诸理性才行。我说的是人之常情——我还有位朋友生来就动不得荤腥堕落到极点也就是吃碗蛋炒饭——素食主义者、环保主义者、因坚定宗教信仰而食素者鄙视我辈可也，幸勿较劲。

　　年龄也能改变人对蔬食的态度。我打小就是个"肉食主义者"——每个月才配给两斤猪肉、半斤花生油，能不"肉食主义"吗？这几年肚子里的油水足了，才渐渐开始喜欢蔬食；随着马齿徒增，渐谙世味，慢慢觉得蔬食自有其不可替代的滋味。例如小时候无论如何不理解大人为什么要吃苦瓜——糖还吃不够呢，干吗要吃苦了吧唧的劳什子？如今也觉得嚼嚼苦瓜，有一点味外之味。

　　厨师无法改变食客的年纪、口味、嗜好，要想菜一上桌就撩拨出人的食欲，只有在辅料的色彩上做文章，蟹黄扒豆苗就是绝佳的案例——清冷碧绿的豆苗一旦浇上扒好的蟹黄，整盘菜的色彩、风韵顿时为之一变，中央是大面积的鲜亮耀眼的橘红，杂以些许雪白的蟹肉，最外围才是实际的主角豆苗，挑帘出场就使人眼前一亮，胃口大开。蟹黄增加了豆苗的肥润、鲜香，蔬食有了荤味的陪衬，不仅入口使人不觉寡淡乏味，而且能够更好地展现自己的清新、脆嫩、爽口。

在以素食为主料的菜品中适度加入荤味，以调剂颜色、口感、味道，是中餐的看家本领之一，如火腿扒白菜、火夹冬瓜、蟹黄烧豆腐、三虾豆腐、炉鸭丝烹掐菜之类，较诸西餐的凯撒沙拉者流，手法、格调、境界高明岂止百倍！

【扒】

此为粤菜的"扒"，与鲁菜不同。是将两种或两种以上的原料分别烹调，然后按烹制先后分层次摆砌上碟，造型，而成一道热菜的烹调技法。分为汁扒（如腿汁扒芥菜胆）和肉扒（如四宝扒瓜脯）两大类（见《食在广州——岭南饮食文化经典》P412）。此菜属于肉扒。

关键技术环节

越南膏蟹，隔水蒸熟拆黄拆肉。

豆苗下入中火烧热的炒锅中，烹姜汁酒（将姜块磨成泥，装入白纱布袋扎紧口，盛在碗中，倒入米酒浸泡，用时挤出姜汁调匀即可）、加精盐，爆炒半分钟至七成熟。将芡汤（上汤中加入精盐、白糖调匀，用微火加热溶解后，即成芡汤）加入胡椒粉、麻油，倒入锅中，炒熟豆苗，捞出沥干，盛入碟中。

油烧至二成热，放入蟹黄过油，搅匀后捞出沥油。

炒锅中烹绍酒，加上汤、精盐、麻油、胡椒粉，放入蟹肉、蟹黄，湿淀粉勾芡，加少许油推匀，浇在豆苗上即可。

厨师心得

此菜豆苗要嫩，蟹黄要新鲜，出品才能青翠嫩滑、艳红鲜香；两种原料烹制要比较紧凑，时间不能间隔过长，否则会影响菜的热度和香气。

鼎湖上素

　　首善之区，红尘十丈，颇有以为"肉食者鄙"而追求素食者，惜乎以京城之大，竟没有一间中规中矩的素食馆。多数素食餐厅还是用烧荤菜的手法料理，一切辅料、调味料不变，只不过把其中的动物原料换成了魔芋做的"素腰花""素虾仁"和大豆蛋白做的"素肉"而已。

　　从严格意义上讲，传统的"素食"与日常生活中的"素菜""蔬食"并不完全是一回事。中国的素食分为寺院、宫廷、民间三个系统，如果按照寺庙庵观素食的严格标准，不仅要排除一切动物性原料（所谓"大五荤"），还要忌食"小五荤"——在这个问题上，佛、道两家说法不一，总之葱、蒜、韭菜、香菜、薤头之类能散发浓烈的刺激性香味（也有人认为是臭味），激起欲望，使人兴奋，影响信众清修的蔬菜同样不许食用。

　　传统素食以蔬菜、豆制品、面筋、竹笋、食用菌、藻类、干鲜果品、植物油为原料，讲求洁净、清淡、少油，要让人吃过之后变得清心寡欲，静如止水，而不是血脉贲张、躁动不安。因此除了川渝两地之外，其他地方的素食没听说有用辣椒、花椒的。与此相应，有一套素食独到的烹饪手法，比如提鲜的高汤，自然不能用鸡、鸭、火腿，而是以冬菇蒂、笋根、黄豆芽之类纯粹的净素食材熬制，浸发干品食用菌（如口蘑）的原汤也是很好的选择。

▌操作厨师：林劲松

广东佛法昌明，至今还能吃到中规中矩的斋菜。我曾到潮州唐代古刹开元寺随喜，山门对面就有一间素食馆，顶多能算中档，生意兴隆之极，根本不接受零点，只供应套餐流水席，居然有模有样有传授，绝非所谓新派素食的一味胡来。

粤菜素食的讲究是有历史传统的，像这道鼎湖上素所用"三菇六耳"，只有粤菜有此叫法，也只有够水准的粤菜馆能够为一道素菜长期预备如此繁杂而且"啰里啰唆"的食材。

【鼎湖上素的来历】

相传位于广州的西园酒家，有一道著名斋菜十八罗汉斋。有次肇庆鼎湖山庆云寺庆云大师品尝此菜后，觉得不够完美，遂建议改进一些烹制细节，西园厨师从善若流，使此菜滋味更佳，故改称鼎湖上素。(《中国烹饪百科全书》P117)

【三菇六耳】

过去做鼎湖上素，"三菇六耳"不可或缺，现在则难得齐全了。

三菇：冬菇、草菇、蘑菇。

六耳：雪耳、桂花耳、黄耳、榆耳、木耳、石耳。

🍵 关键技术环节

处理原料：黄耳、榆耳浸泡至柔软，刮去榆耳细毛，刷去黄耳上的泥沙；雪耳单独用清水浸泡。

焯：将黄耳、榆耳、草菇、竹荪等原料，放入沸水锅中焯约 1 分钟。

蒸：冬菇、蘑菇冷水浸泡 20 分钟后，加精盐，入蒸笼以中火蒸约 10 分钟。

煨：原料分两部分（一部分是黄耳、榆耳、草菇、竹荪等，另一部分是雪耳）下入油锅，加素上汤，煨约 1 分钟，捞起用净布吸干水分。

炒：将青菜下锅炒至刚熟，取出沥水。

焖：蒸好的冬菇、蘑菇（连汤）黄耳、榆耳、草菇、竹荪等依次下入炒锅，加素上汤，约焖 2 分钟，再加油拌匀，捞起沥水。

定碗：取大汤碗，按照冬菇、竹荪、草菇、黄耳、蘑菇、榆耳、雪耳等次序，从碗底部向上，每层一种原料码好，再将汤碗倒扣在盘上，成一层次分明的山形，用青菜围边。

浇汁：热锅下油，烹少许绍酒，加素上汤、精盐、糖调味，用湿淀粉勾芡，最后加芝麻油、花生油推匀成芡汁，浇在码好盘中的原料上即可。

💟 厨师心得

此菜无论是原料的处理，还是烹调的手法，都颇为讲究。而以大豆芽、牛蒡、冬菇、鲜淮山、金笋吊制的素上汤，更是关键所在。

冬瓜盅

　　岭南气候炎热，嗜汤成风，粤菜中的汤自然品类甚繁——除了最著名的老火靓汤和炖汤，还有烩、滚、熬、氽等手法，再加上原料和季节的变化，蔚为大观。

　　粤菜炖汤之"炖"与北方不同，是将食材投入炖盅，加汤或水，密封，隔水蒸熟。这种"炖"的好处在于原汁原味不易散失，清鲜醇厚；水蒸气的温度是摄氏一百度，不会使炖盅里的汤大翻大滚，所以汤比较澄清透亮，不用再去"扫汤"。冬瓜盅是炖汤的延伸，以掏空的冬瓜代替炖盅作容器，堪称神来之笔。

　　从小就听父母说，冬瓜能"败火"，所以年年夏天都大喝其咸肉冬瓜汤、海米冬瓜汤，偶尔也会有虾子烧冬瓜出场，我以为是难得的美味。冬瓜味淡，烧熟之后口感软烂，并无什么突出的个性，所以一定要和火腿、咸肉、虾子、海米之类厚重有味的食材"拉拉扯扯"；差有一日之长者，得一"清"字而已——色、味、余韵都给人以清凉的感受，"败火"云云不知有没有科学依据，但骄阳似火的夏日食之，确实能给人带来心理上的舒适感。

　　发明冬瓜盅的厨师充分利用了这一点，瓜盅一上桌就先声夺人，似乎暑气去了一半；食材皆淡而有味，汤清如水，鲜甜不腻；冬瓜半透明，使人如对玉壶冰心，食之神幽意远。

▌操作厨师：林劲松

　　曾有香港厨师告诉我，冬瓜盅的关键是要加入田鸡，汤才会甜；如今田鸡已名列保护动物，用牛蛙代替亦可。另外，如能加入远年陈皮，不仅增香提味，而且韵致淡雅，格调立刻大为提升。

　　粤菜还有另一传统名菜与此菜形同实异——乃以杂色水果切分之后和冰糖水一起装入掏空的西瓜里，冰镇后上桌，即所谓西瓜盅；瓜皮上去青露白，浮雕各种图案，颇为悦目。冬瓜盅表面原来也有雕工的，可惜大约后厨嫌麻烦，已不多见了。

【烧鸭】

　　此菜所用的烧鸭是广式，做法是以五香盐（五香粉、八角末、精盐、白糖调匀而成）将鸭腔内涂匀，以沸水淋皮，再用冷水洗过。将麦芽糖水涂匀表皮，把鸭子挂在通风处，晾至干爽。烤时将鸭子挂在已烧透火的烤炉内，先烤背部，再烤胸部，20-25 分钟之后，色泽呈大红色即可。

关键技术环节

　　制盅：将冬瓜带蒂部分切下 25 厘米，去瓤，瓜口切成锯齿形。放入沸水锅浸没煮 10 分钟，取出后用冷水冷却。放入汤盆，将氽过的鸡骨、猪骨放入瓜盅，加上二汤，以盐、绍酒调味，将整个瓜盅上笼用中火炖约 1 小时，至瓜肉软烂。

　　备料：将鸭胘、牛蛙肉、鲜菇切粒，和去芯莲子焯约半分钟，捞出沥水；蟹肉和烧鸭肉用烧沸的二汤淋过。

　　出品：去掉瓜盅内的鸡骨、猪骨和汤，将备好的鸭胘、牛蛙、鲜菇粒、烧鸭肉粒、莲子、蟹肉和烧沸的高清汤一起放入瓜盅，盅口撒上火腿末即可。

厨师心得

　　香港店的做法是要加"夜来香花"的，最后上桌前放入即可；此菜调味切不可用酱油——烹制冬瓜时加酱油，会产生酸味。

咸菜猪肚汤

　　腌菜，在中、日、韩饮食中都占有特别重要的地位。韩国的腌菜以泡菜为大宗，品种究竟有限；日餐也有品类繁多的咸菜——"渍"，但多数直接用来下饭而已；中餐则不然，不仅品类繁杂——涪陵榨菜、云南玫瑰大头菜、萧山萝卜干、绍兴霉干菜、四川的泡菜、东北的酸菜，乃至北京、保定、扬州的酱菜都享盛名——而且吃法多样，特别是当做烧菜的原料，覆盖之广，运用之妙，变化之奇，举世无双。

　　雪菜大汤黄鱼，一望而知是浙江宁波风味；梅菜扣肉，自是广东梅州客家的专利；泡荤菜、酸菜鱼，离不了川渝两地；酱瓜炒野鸡瓜子，知道的人就不多了，却是正宗的北京年菜——这些菜品不仅美味，而且都极具地方风味特点，最能引动游子的乡思、离人的愁绪。

　　到了潮州，又是另外一番光景，所谓"咸菜"，成为一个小概念，特指用大芥菜腌制的咸菜；更高一级的概念叫做"杂咸"——指一切佐食白糜的小菜，品种约一百以上，鱼饭虾苗，泥螺薄壳，榄菜香腐，菜脯杨桃，都收归名下。我每到潮汕，必食宵夜，到大排档喝粥，最喜欢就着或明亮或昏黄的灯光，在十几甚至数十种杂咸中挑挑拣拣，然后一边尝试干湿咸淡不同的新鲜味道，一边稀里呼噜地喝粥，痛快淋漓，乐而忘倦，个中况味，非经过者不足与之言。

　　潮人特重咸菜，佐粥之外，喜欢以之入馔，常见的除了咸菜炒猪、牛、鱼肉，还有咸菜响螺汤、咸菜蚝仔汤，以猪肚汤流传最广；其他加入腌菜的菜品也自不少，知名者如菜脯条煮沙虾、菜脯卵、贡菜炆伍鱼、冬菜煮枪鱼等等，皆脍炙人口（见张新民著《潮菜天下》）。

腌菜本是人类为了突破气候、地理、储藏运输条件等因素的制约以延长食材的保质期，不得已而发明的加工食品，由于味重价廉，多是穷人的恩物；但我们的先民聪明智慧，在加工过程中创造出种种全新的特殊滋味，并以之入馔，衍生了无数廉宜的家常美味，动人心魄处不逊甚至超过参肚鲍翅，使寻常百姓也有享用美食的机会，中餐也由此衍生出一种独有的风致。

【潮州咸菜】

选潮州大芥菜，摘除绿叶，洗净、晾干、略晒后，切为两半，放入木盆内，用当地海粗盐涂抹表面并揉搓使之渗入。随后码入陶缸，均匀地撒放适量南姜、白糖，加盖封存。几天后，待大芥心变软、转青后，将其移放分装到一个个较小的陶罐里密封。若干天后，开盖查看，芥菜心呈金黄色，即成。

🍲 关键技术环节

清洗猪肚。猪肚的清洗十分不易。首先要翻转去除猪肚内层的脂肪，之后再用盐、淀粉加少许醋擦匀揉搓，以清水冲洗，如此重复 3 次，再氽水 3 分钟，捞起后用刀剔除猪肚内层残留的白色肥油，最后用冷水清洗干净。

洗净的猪肚，入锅中焯水捞起，沥干；咸菜切片，清水中浸泡 15 分钟。

以猪骨熬制汤底，放入猪肚、白胡椒粒煲 2 小时。

将猪肚捞出切片，和咸菜一起再放入原汤中煮 10 分钟，加盐调味即可。

💛 厨师心得

其实大部分潮菜的烹制，过程并不复杂，讲究突出原料的本味，因此对食材品质的要求较高，尤其以潮汕本地出品为好。

蟹肉瑶柱蛋白炒饭

拍照片的效果，中餐往往不如日餐、西餐，颜色不那么靓丽炫目。一些中餐厨师创新，往往生搬硬套外餐的用色手法，颜色倒是颇能吸引眼球，可是总觉得有点"冷""隔"，无法使国人一看就产生食欲。其实，中国菜配色自有其规律可循，而且颇为讲究，只是一般人"如入芝兰之室，久而不闻其香"而已。简单常见如蛋炒饭，就有两种配色方法。

一种是颜色反差大的：小时候，家里某一天剩饭多了，偶尔会做蛋炒饭——油、蛋、米皆定量供应，不可能常做——如果刚好有中式香肠，就取一根切成碎丁同炒。这是一种非常美好的家常风味，大米的白色作背景，鸡蛋金黄，香肠朱红，葱花翠绿，香喷喷，咸津津，有嚼头，有滋味，再来一钵最简单的虾皮紫菜汤，舒舒服服两碗饭下肚，就是圆满的一餐。

一种是顺色的：此菜中的蟹肉是白色为主杂一点粉红，瑶柱是米黄色，蛋白、米饭是白色，炒成一锅，淡雅清新；对厨师要求还特别高——旺火热油才能有"镬气"，但又不能有一丁点儿焦煳的痕迹。所以炒饭在粤菜是考厨师水平的，并且属于炒锅，而非白案的工作。

一份合格的炒饭，最诱人的是米粒和各色辅料对牙齿、牙龈、口腔黏膜的刺激，软中带韧，有一点弹性，有一点滑润，有一点温柔，使人

▌操作厨师：林劲松

糊里糊涂就能吃下一碗——这种触觉，无以名之，我称之为"性感"。

　　能以吃剩的主食为原料，烹调出经典美味的，除了蛋炒饭，全世界恐怕找不到第二个例子——而且还非用隔夜饭不可，取其米粒表面干燥，容易炒散而少吸油。我在佛罗伦萨吃过当地著名的面包汤，据说是早年此地的商人非常悭吝，吃剩的面包舍不得丢掉，第二天加水加料煮成汤再吃，遂成名吃——我对佛罗伦萨的料理如牛排之类印象大佳，唯有此汤，色泽灰黄，淡而无味，汤汁完全被面包吸取，口感黏了吧唧，实在不敢恭维。

【瑶柱】

　　即干贝。是扇贝科贝类闭壳肌的干制品。烹调时须先经涨发：以少量清水加黄酒、姜、葱隔水蒸 1-2 小时，至一捏能开即可；之后将干贝体侧的硬柱（或称硬脐、筋）挤去，也可将干贝撕开抽去；干贝肉用原汤浸泡。（见《中国烹饪百科全书》P164-165）

🍳 关键技术环节

　　瑶柱涨发后，搓碎。
　　鸡蛋只取蛋清打散，热油中火炒 1 分钟，用铲子压碎盛出。
　　将涨发搓碎的瑶柱丝下入热油中炸 1-2 分钟至金黄，捞出沥油。
　　肉蟹上笼隔水蒸熟，拆出蟹肉。
　　白葱花炒香后，将白米饭下锅，大火炒 2 分钟至米粒松散。
　　炒饭中加入蛋白、蟹肉、瑶柱丝，精盐调味，翻炒几下，出锅前撒上葱花，淋少许麻油。

👨‍🍳 厨师心得

　　广式炒饭讲究米要粒粒分明，最好用泰国香米，蒸出来的饭硬度适中，口感干爽。

▌操作厨师：林劲松

陈皮红豆沙

　　此菜虽以红豆沙为主料，离开陈皮就完全不是那回事儿。

　　粤菜在烹饪中的使用药材最普遍，也最讲究，无论老火靓汤还是凉茶，药材的踪影俯拾即是，陈皮就是常用的一种。

　　以陈皮调味，不但甘香醇厚，令齿颊留芳，更可祛除腥膻，蒸、煮、炆、煲、炖、卤皆可，炖鸭、煲汤、煲粥、煲糖水，制作点心、牛肉丸、鱼丸，清蒸海鲜、鱼、排骨，焖炖野味、鲍、参、翅、肚咸宜。陈皮水鸭、陈皮鹧鸪汤、陈皮牛肉、陈皮绿豆沙、陈皮白粥都是广东名馔。

　　我吃过的最老的陈皮陈年达三十年之久——干而轻，富于药香、橘香、甜香、焦香，清冽，醇厚，芬芳，2007 年的价格约为每斤 5000元，应该是世界上最贵的果皮了——现在更不知道涨成什么样了。

　　远年陈皮与红豆沙是绝配，陈皮用量极微，却是点睛之笔——有红豆沙做背景，陈皮的魅力才得以充分展现；有陈皮点染其间，红豆沙才显得格外娇媚可人。陈皮的馨香与淳朴的豆香、幼滑的口感、适中的甘甜都堪称珠联璧合、佳偶天成。

　　陈皮要陈，豆沙也要给力。不少厨师偷懒，直接买来现成的机制豆沙，加水煮开，滥竽充数——须知工厂的出品是机器磨碎，不仅缺乏小火慢炖才能产生的火工滋味（就像高压锅与炭炉砂锅炖出的肉滋味有上下床之别），而且连豆皮都磨在一起，还谈何细腻幼滑？

犹记童年，春节前，家中自制洗沙（即澄沙），为八宝饭、汤圆备料，最后的熬制过程总是母亲看锅。一边分几次加入猪油、白糖，一边搅拌，随着豆沙将油、糖慢慢"吃"进去，慢悠悠地起泡，泡慢悠悠地爆开，香气在小小居室中荡漾开来，越来越浓。我受不了诱惑，在旁边打转，母亲一边叮嘱小心烫嘴，一边舀出一小勺给我煞馋——"只恨而今渐老"，那样的好时光永远不会再回来了！

【陈皮】

即茶枝柑（别名大红柑）晒干的果皮，以贮藏的时间越久越好，故称"陈皮"。以广东新会所产为上品。

新会陈皮呈整齐三瓣，基部相连，裂片向外反卷，露出淡黄色内表面，有圆形油点。果皮厚不到1毫米。外表面色褐黄色、泽棕红色，皱缩，有许多凹入的油点。质轻，易于折断。香气浓郁，味微辛，甘而略苦。中医认为它有理气、健胃、燥湿、祛痰的功效。

🍵 关键技术环节

红豆泡水2小时以上。

陈皮用清水泡软，洗净外皮，并用小刀轻轻刮去内层的薄膜，切成细丝。

锅中添大半锅水，煮沸后加入陈皮和一半的红豆，大火烧开后转小火熬，待水熬剩一半，再添冷水入锅；小火熬2小时以上，期间要不断搅动，防止煳锅（若水少可继续添加冷水）；红豆煮开花、起沙后，关火，放凉，过箩。

另一半红豆上笼蒸烂。

将豆沙和蒸烂的红豆一起放入锅中，加水和冰糖，搅匀，熬煮至汤汁浓稠，关火即成。

😋 厨师心得

红豆提前泡水更容易煮烂；中途加冷水是为了让红豆受冷水刺激后开花起沙；一定要用冰糖而不是砂糖。

第 5 章 京菜

BEIJING CUISINE

▌操作厨师：刘忠

黄焖鱼肚

北京谭家菜是中国官府菜的代表作，也是在大陆地区硕果仅存的两例之一（另一家是山东曲阜的孔府菜，据说台湾还保留有曾任国民政府主席的湖南谭延闿的家厨风味）。

谭家菜作为一种家庭风味特点十分突出：选料精，下料狠，火候足；咸甜适中，南北皆宜；讲究原汁本味，吃鸡是鸡味，吃鱼是鱼味，不用麻辣香辛料调味、炝锅；擅制干品海鲜，如参肚鲍翅之类。

黄焖或黄烧鱼翅是谭家的看家菜，由于保护动物的原因，现在多以鱼肚代替。由于风格独特，滋味鲜美，社会上有很多餐馆模仿，称为"浓汁"或者"金汤"系列，但多数只是东施效颦，邯郸学步。首先，菜品中黄亮浓稠的汤汁原本是长时间小火焖制富含胶原蛋白的食材过程中胶质融入汤中自然形成的，漂亮的颜色来源于老鸡的脂肪。现在的社会餐馆为降低成本，根本不可能按谭家传统手法用鸡、鸭、火腿长时间烧制鱼翅、鱼肚，养殖的肉鸡也没有黄亮的鸡油，只好用南瓜汁、藏红花汁来调颜色，甚至使用现成的工业化生产的调料包，这种手法和谭家菜已经没有任何关系了，但似是而非的出品泛滥却败坏了谭家菜的名声。

正宗的黄焖鱼肚入口浓腴软滑，汤汁浓而不腻，清而不薄；盐和糖的用量都很少，而比例关系恰到好处，腴而能爽，淡而有味，充分体现出古代文人士大夫在饮食文化方面清高典雅的审美情趣。

【广肚】

鱼肚，是鱼的鳔和鱼胃经干制而成，列为"海八珍"之一。谭家菜中的"黄焖鱼肚"多选用广肚。

广肚是产于广东、广西、海南、福建沿海一带的毛鲿肚和鮸鱼肚的统称。值得注意的是，将产于上述地带的其他鱼肚及鳗鱼肚（又称胱肚或光肚）也当作广肚是不对的，选购、应用时须注意鉴别。（见《中国烹饪百科全书》P706）

🍜 关键技术环节

涨发鱼肚：采用油发，鱼肚下入温油中，逐渐加热，开始涨发后，上下翻动，使其均匀受热、里外发透。发好的鱼肚捞出放凉，用清水浸泡使之回软，再用沸水冲去浮油。此法涨发的鱼肚不软不硬，口感最好。

制汤：此为谭家菜的根本，主材为三年以上的走地鸡、老鸭加水（以没过鸡鸭为度）在旺火上烧沸，再在微火上炖 16-17 个小时；5 年以上的火腿、瑶柱分别蒸熟，取汤，兑入吊好的鸡鸭汤中。

将鱼肚放入制好的汤中爆 1-2 个小时，至软烂、入味；捞出鱼肚，重新加高汤，微火烧 5 分钟。

只以盐糖两种调料调出单一复合味，以糖提鲜，以盐提香；勾芡，出锅。

💗 厨师心得

黄焖的根本，就在于制汤。这汤要熬足 16-17 个小时，除了谭家菜很少有这样的功夫和坚持。汤汁娇艳的黄色完全是由老鸡鸡油调出，切不可以南瓜汁或红花汁调色。

烤鸭

　　烤鸭是中餐永恒的话题，人不分老幼，地不分中外，少有不喜欢它的。全国许多地区都有不同风格的烤鸭（著名的有广东、江苏、四川、云南），这里只说北京烤鸭。北京烤鸭有两种工艺——全聚德的挂炉和便宜坊的焖炉，如今的烤法以挂炉为大宗。

　　总体来说，进现杀的鸭子自己制胚比从工厂进冷冻的鸭胚统货好；每天限量供应比大量生产好；用果木烤比用其他热源烤的好；现烤现片现吃比大量烤好放在一边等客人好。

　　一只合格的烤鸭应该通体枣红，色泽均匀；形体饱满，没有凹凸不平之处。趁热先蘸上白糖，吃胸脯的皮，香、厚、酥、脆，肥而不腻，入口即化，既没有一嚼一嘴油，吃完之后也没留下嚼不动的"肉核儿"。

　　很多人吃烤鸭忽视鸭饼，其实，找一笼鸭饼要想大小、冷热、薄厚、柔韧度俱都合适，殊非易事。好的鸭饼全靠手工擀制，其薄如纸，而且擀得匀，雪白、半透明，覆于报纸上可以见小字，攥在手中反复揉搓，不黏不糟不破。

　　制鸭汤要舍得多放鸭架，大火滚开，使之色雪白如奶汁，入口有厚度，冬天可以放入白菜，夏天可以"俏"一点黄瓜或者冬瓜。

　　吃烤鸭无非卷饼或夹空心烧饼，如果用甜面酱，可配葱白丝或黄瓜条，还可以配白糖、蒜泥，据说过去女性客人喜欢后一种吃法。

　　关于烤鸭用果木有一种说法，认为可以使鸭子有果香，这纯系以

┃操作厨师：徐福林

讹传讹。使用果木，主要是因为它的质地紧实、耐烧而火力稳定；另外一个原因是易得且价廉，北京西郊、北郊平原和山地交界处果树不少，枣树、苹果树尤多，这种木材不适合盖房、做家具，却偏偏适合烤鸭。果树是有生命年限的，过了盛年，产量下降就要伐掉老树，重新栽种或嫁接——早年间北京人口少，烤鸭店也没有现在多，足敷使用。再有，水果有香味不等于果树有香味，纵有果香，烧起来之后也会被高温和烟火破坏吧。

【北京填鸭】

北京填鸭有别于普通湖鸭，是采用人工填喂催肥的鸭，其鸭体美观大方，肌肉丰满，背宽而长，眼睛大而且凸出，这种鸭子填食时间短，育肥快，肥瘦分明，皮下脂肪厚，鲜嫩适度，适合烤制。（见"百度百科"）

关键技术环节

选材：养殖 45 天的北京填鸭。

活鸭宰杀：宰杀、烫毛、褪毛、择毛。

生鸭制胚：剥离食气管、充气、拉断直肠、切口掏膛、支撑、洗膛挂钩、烫胚挂糖色、晾胚。

烤前准备：堵塞、灌汤、挂糖色。

烤制：鸭胚入炉、转烤、燎烤、烤煮、出炉（200℃枣木炭火，烤制 50 分钟）。

片鸭：拔堵塞、摘钩、片鸭、装盘——一鸭三片四上：鸭胸（盖儿皮）16-24 片小排骨片，鸭脯 40 片柳叶片，鸭腿 40 片杏叶片，鸭头劈成两半、鸭尖（尾部）两片、里脊两条共装一小碟，表示片完一只完整的鸭子。

食用：鸭胸蘸白砂糖直接吃，鸭脯卷饼，鸭腿配空心烧饼；佐以葱白丝、黄瓜条、甜面酱、蒜泥、白糖。

厨师心得

传统烤鸭，五大工具不可或缺。

封火锅：用于封盖果木炭火，并保证底火不灭；铁锹：铲灰用；火剪：夹取劈柴；大火钩：钩取鸭坯；铜壶，向鸭坯中灌汤。

砂锅白肉

　　满族的白肉（又名白片肉、白煮肉），是一道流传广泛的名菜，影响所及，远至江南、四川、广东，在各地又衍化出不少新菜，在相当程度上改变了汉族的饮食习惯——清代以前汉族在家畜中比较重视食羊。

　　清代满洲贵族家有大祭或喜庆，一定请客"吃肉"，吃的就是白煮肉，而且是有规矩的：

　　事先口头相告，不发请帖，无论认识与否，皆可登门（一说只有亲戚来道贺，没有朋友。见崇彝著《道咸以来朝野杂记》）；客人公服赴会，进门道喜，然后席地而坐，厨子端上一方重约十斤的白肉和一大铜碗滚烫的肉汤飨客；客人以自带的解手刀片肉，自片自食，会吃的人讲究把肉片成极薄的大片，有肥有瘦，滋味方好；早年间的标准吃法是没有调料的，只能佐以白酒和白饭，进关以后旗人的口味也在变化，后来就发展成客人可以自带用酱油浸泡后晾干的高丽纸片，在刀上涂抹，或浸入肉汤中，借以调味；客人吃得越多，主人越高兴，食毕一抹嘴就可离开，不准跟主人道谢——因为吃的是享神之后的馂余，道谢等于视主人为神；也不许擦嘴，否则便是对神的不敬。（见高阳著《古今食事·天子脚下》）

　　普通旗人，也爱食白肉，但没有这许多啰唆，各种调料都可使用。流传至今，北京以经营白肉著称的老字号砂锅居也是上调料的，而且砂锅改大为小，肉下边还要垫上配料。

　　白肉在东北还有一种常见吃法，就是酸菜白肉火锅，但绝非一般人想象的那么简单，仅调料就包括盐、芝麻油、葱姜末、腐乳、韭菜酱、咸香菜、咸韭菜、辣椒油和鲜汤，配料除了猪里脊、牛肉、山鸡肉、哈士蟆、口蘑之外，还有海参、冰蟹、蛎黄、银鱼、鲜贝、大虾——这哪里是吃白肉，分明是吃海鲜嘛！

【去皮不去皮】

　　这其实并非原则问题。传统旗人做的砂锅白肉带皮，而老字号砂锅居的做法则用去皮白肉。无论去皮不去皮，都是煮至八成熟，切片，加海米、香菇、粉丝、酸菜同煮，以中和白肉的油腻。

关键技术环节

　　煮肉：鲜猪肉入清水煮至八成熟。

　　切片：煮后微冻，以便切出极薄的片。

　　码放：酸菜切丝，铺放在砂锅垫底，将冷水泡好的粉丝码放在酸菜上，之后将肉片一片挨一片码放，最后将香菇、海米、姜片等放在白肉上层的中心位置。

　　调料：酱豆腐、韭菜花、辣椒油、香菜末，依个人喜好调制。

厨师心得

　　早年间有"砂锅居的幌子，过午不候"的说法，意为每天只煮一头猪，中午一顿即可售罄。这也说明，砂锅白肉必须选用新鲜猪肉。

　　推荐海南黑猪，肉质鲜香，肥瘦相间；粉丝则可选择土豆水晶粉，粗细适中，筋道；酸菜选用东北酸菜，酸爽清脆。

银耳素烩

　　清同治年间，广东南海（即现在的广州市的一部分）人谭宗浚得中榜眼，就此入仕，定居北京。南人北上，酷嗜美食的生活习惯不改，而且变本加厉，家厨中的粤菜受到鲁菜影响，结合本地气候、物产，发展变化形成了谭家菜——银耳素烩就是一道能鲜明地呈现这一结合、变化轨迹的经典菜品。

　　广东有著名素菜"鼎湖上素"，做法是把香菇、蘑菇、草菇、银耳、榆耳、黄耳、桂花耳、竹荪、鲜莲子、白菌、绿豆芽、笋、菜心分别蒸、焯、炒、煨（用素上汤），将部分食材在盘中分层次扣成山形，用银耳、桂花耳、菜心、绿豆芽装饰，最后淋以勾芡的素上汤——是一款净素美食，连"小五荤"（指葱、蒜、韭菜、芫荽之类有刺激性香气的蔬菜类调味料）都不沾。

　　山东传统菜的"烧素烩"却是"素料荤做"：面筋泡、炸豆腐、豆腐干、金针菜、笋、菠菜、荸荠、粉丝分别治净，用花生油加葱、姜、嫩汁（相当于用大油炒的糖色）炒匀，加入清汤（也是荤的）、酱油微熘，勾芡，淋花椒油——完全是北方风味的素食，色浓口重，还用了清汤、大油和葱，食料之丰富、讲究，炮制之繁复，远逊"鼎湖上素"。

　　谭家的做法，自然以粤菜为基础，也老实不客气地接受了鲁菜的

"素料荤做"：保留了先用好汤煨过、再勾芡淋汁的基本手法；减少了食材的品种（在北京，要凑齐"三菇六耳"殊非易事），但并未降低品质——发菜（如今为保护环境，用冬菇代替）不用说了，银耳早年间都是野生，也属于高端食材；汤却换成了荤的清汤，不取大油和花椒油，而以鸡油增加香味和汤的醇厚，五色食材配上姣黄的汤汁也格外清新、美观，逗人食欲。

食家巧思，绾和鲁、粤，才留下这道清而醇、淡而鲜、色艳而雅、形美而简的传世之作。

【嫩汁】

熟大油和比大油少一半的白糖在旺火上搅炒，待糖、油溶合在一起后，移至微火上继续搅炒成深红色时，再放入与大油等量的开水，烧沸后移小火上燀 5 分钟，即成。（见《中国烹饪百科全书》"烧素烩"词条）

关键技术环节

原料：银耳、胡萝卜、青笋、鲜蘑、冬菇。

改刀：将胡萝卜、青笋、冬菇以手工雕刻、修剪成鲜蘑状。

蒸煮：水发银耳放入小碗，加入清汤，上锅蒸 20 分钟。用走地鸡、干贝、火腿等熬制的高汤将胡萝卜、青笋、鲜蘑和冬菇煨煮入味，放入盘中码好，中间放上银耳。

浇汁：用鸡胸脯肉泥将高汤扫成清汤；清汤加少许淀粉勾芡，浇在食材上，最后淋上鸡油。

厨师心得

此菜看似简单，实则讲究精致，从型到味，要下功夫，更要用心思。成菜红绿黄白，五彩缤纷；口味清淡鲜美，甜咸适宜，爽口不腻。

操作厨师：刘忠

清汤银耳鸽蛋

谭家菜以"选料精，下料狠"著称，他家的清汤正是"下料狠"的典型：早年间正经的饭庄子常规的做法是一斤料出一斤汤，即吊汤用的鸡、鸭、肘子、火腿之类与最后吊出的汤重量比是一比一——如今晚儿谁家还肯坚持这样吊汤那真是天良发现了；而谭家菜吊清汤是四斤鸡、一斤鸭出三斤汤，再加上"扫汤"用的半斤鸡脯肉，几乎就是两斤料出一斤汤。这样的汤拿来煮什么都不会难吃的——"唱戏的腔，厨师的汤"，此之谓也。

清汤鸽蛋，并非谭家的"独门秘笈"，过去上档次的餐馆或筵席都备有此菜，而今只有谭家菜还保留了这一传统节目。不仅如此，由于鸽蛋的产量低、价格高，传统中餐有不少以鸽蛋为主料的菜品，如今集体"失踪"，凡是用鸽蛋做辅料的地方一律用鹌鹑蛋冒充，许多人根本没吃过鸽蛋，只好"误把冯京当马凉"了。鸽蛋的好处在于蛋白晶莹如羊脂玉，富于弹性，蛋黄吃起来不"死"，而且本身有自己的香鲜味，"死笨笨"的鹌鹑蛋根本无法与之相提并论。

谭家还有一道清汤菜，名曰"珍珠汤"，隽美别致，非真正的书香仕宦世家无此品位，如今已经不做了，十分可惜。所谓"珍珠"是指夏季刚刚吐穗、长度两三寸之间的小嫩玉米——与市售罐头中的玉米笋不是一回事，生产玉米笋的玉米植株、果穗都比较小，是专为摘取果穗当蔬菜食用培植的，谭家所用的是做粮食用的所谓"老玉米"的幼嫩果穗——滚水焯过，加清汤蒸一下，捞出，再以清汤瀹之，加嫩豆苗即成。此汤清而鲜，有嫩玉米特有的清香和淡淡甜味，貌似平淡而实际讲究非常，一年之中只有短短几天可能吃到，玉米稍老就不行了，是北京地区夏季时令名菜，也是谭府家厨用北方物产创作新菜的成功案例。

【清汤】

制汤，除了汤料食材的讲究，火候也极为重要。而制清汤与浓汤的区别也在于火力的把控。清汤在水煮沸后，应立即转为微火，防止汤汁产生大沸，在微沸中使原料内部的蛋白质充分浸出，时间以四五个小时以上为佳。

谭家菜的清汤属高级清汤，因此"扫汤"工序必不可少。即以鸡脯肉和鸡腿肉斩成茸，下入吊好的汤中，使汤中的渣状物粘附在肉茸上，离火后过滤，获得极清澈的清汤。

关键技术环节

泡发银耳：将银耳用温水泡 2 小时左右，洗净杂质，削净黄根，加工成小朵，用开水烫焖 2-3 遍。

走汤时，须先将鸽蛋放入清汤内烫透，然后将银耳盛入汤碗，注入清汤，再将鸽蛋放在碗中央。

厨师心得

谭家菜的后厨，每天两锅汤：一锅清汤、一锅浓汤。浓汤，色泽金黄，口味醇厚；清汤则汤清如水，色如淡茶。此菜源于谭家菜的经典菜"清汤官燕"，保留了清汤的制法，用以烹制晶莹剔透的鸽蛋与宛如琼花的银耳，是一道绝好的养生膳食。

三不粘

　　传统北京菜分为宫廷菜、官府菜（又名府邸菜）、市肆菜、民间菜四大部分。鲁菜是老北京市肆菜的主流（市肆菜的另一分支是以清真菜为代表的少数民族菜），虽然发源于齐鲁之邦，但在北京落地生根之后，颇有改良创新，总的趋势是由淳朴厚重变得精巧别致、淡雅清新，甚至还有新的发明。

　　三不粘就是老北京山东厨师"平地抠饼"自己琢磨出来的，传说由清末名店广和居原创，后来广和居歇业，又被前辈厨师带到了同和居。另据上世纪三十年代王府井大街承华园饭庄学徒孙洪权回忆，此菜为承华园看三火的福山籍王姓厨师（人称"王胖子"）所创（见《旧京人物与风情》P429，北京燕山出版社 1996 年出版）。无论是北京哪家饭庄厨师的杰作，山东本地餐厅绝无此种风味，三不粘正儿八经属于"鲁味京菜"无疑。

　　老北京山东馆、河南馆都有"敬菜"的习惯，山东馆常用烩乌鱼蛋、三不粘作为"外敬"，河南馆则是一碗高汤。山东馆挂蛋清糊、蛋泡糊、上蛋清浆，制作软嫩的鱼、虾、鸡茸泥，乃至烹制以"芙蓉"命名的菜品，无论干贝、虾仁、海参、鸡片、排骨，无论蒸、炒、炸，都要消耗大量的鸡蛋清。所以厨房里永远有足量的"下脚料"——鸡蛋黄。山东人朴实憨厚，也会做生意，对长期照顾生意的主顾除了安

排客人喜欢的菜品，通知后厨，认真烹制以外，还要特别"外敬"
两道本店的拿手菜——当然，自然是原料不贵，又有一定技术难度的
菜品如三不粘者。店家惠而不费，客人吃了满意，也会报之以合理的
小费。这样的礼尚往来，淳风厚俗，时下已经难得一见了。

　　鲁菜还有一道熘黄菜，讲究咸鲜软嫩，兴许是厨师消化鸡蛋黄的
另一个渠道。

【"三不粘"】

　　所谓"三不粘"，指的是一不粘盘，二不粘匙，三不粘牙；炒制后成软稠的流
体状，不硬不散，似糕非糕，似粥非粥，黄艳润泽，圆圆一坨，既软且稠，入口
香甜，绵韧柔润，不用咀嚼，亦能下咽。（见《中国烹饪百科全书》P488）

关键技术环节

　　食材：鸡蛋黄、绿豆淀粉、白糖，加清水，用筷子打匀，过细箩。
　　火候：一定要中火，火大火小都炒不成功；要保证在低温时将调好的蛋液下
入油锅中。
　　翻炒：炒制时讲究"锅不离火，火不离锅"，双手并用——一手持勺不断搅炒，
一手淋油，一道菜要连续搅动四五百下，否则很容易煳锅。

厨师心得

　　三不粘是同和居的看家菜，也是一道功夫菜，即使掌握了食材的比例也不
一定能做好，需要长期练习，油温、翻炒频率都非常有讲究。时至今日，同和居
还是安排厨师专门做"三不粘"，锅、勺都是专用的。

▌操作厨师：刘忠

核桃酪

中国有一些名菜的价值不在于原料的珍贵，而在于工艺的考究，只适合手工少量精制，宁缺毋滥；一旦技术革新，批量生产，流行市井，则面目全非，名存实亡。得享大名如北京烤鸭，"隐姓埋名"如核桃酪，皆是此类。

核桃酪的原料即便在生产力不发达的农业社会也算不上贵重，加工难度也不大，关键要有耐心，而且产量要小，才不至于粗制滥造。核桃仁去皮、粉碎，红枣取肉，大米磨浆，并无技术含量可言，只要悉心料理，自然手到擒来。这种纯手工的操作相对于工业化流水线自然是低效率的，长期以来在国内是遭人诟病的——提倡抢救非物质文化遗产是近几年的事，相当一个历史时期内，我们大多数行业是以工业化、提高产量为发展目标的。可是烹饪是个手艺活儿，或者也可称为艺术？这套所谓"现代化"的理论在艺术领域不止推车撞壁，而且多年以来糟蹋了烹饪艺术，老字号出品水平的下降就是证据。

比如，过去桃仁、大米都是用小石磨磨碎，石磨转速低，磨碎过程中不会产生高温；齿间缝隙大，也不会破坏食材的细胞壁，这就保护了食材中的风味物质，吃起来自然有滋有味。如今有了多功能食品加工机，能够快速打碎食材，遗憾的是高效的粉碎能力、高速度和它带来的高温会使食材的风味物质无所逃于天地之间——不客气地说，中餐很多菜品之所以变得越来越难吃，这些现代化的食品加工机、绞肉机、电冰箱实在是"功莫大焉"。

　　要美味就不能追求效率、产量，要工业化就会牺牲艺术，世事两难全，自古如此。

【美食家周大文】

　　周大文（1895年－1971年），民国政治人物，曾任北平市长，他是美食家、京剧票友、核桃酪的发明者，后来成为专业厨师。

　　1921年，周大文的朋友马少云在北京八面槽锡拉胡同开设玉华台饭庄，周特地为该店研制了新菜核桃酪。周卸任后，与马少云（字玉林）合伙于1943年开设了天津玉华台饭庄。"玉华台"中的"玉"字来自马玉林的"玉"，"华"字来自周大文的字——"华章"中的"华"。此所以核桃酪虽然在淮扬菜老字号玉华台应市，却是正宗的北京菜，到扬州、淮安一带反而难觅踪影。（见"维基百科"）

关键技术环节

核桃：水泡北方核桃仁，用牙签将核桃仁皮去掉，用油炸香。

红枣：河北金丝小枣水泡，去皮去核，蒸熟。

糯米：淘净、浸泡。

研磨：将核桃仁、枣和糯米，加清水用石磨磨碎成浆。

熬煮：将研磨好的核桃、枣和糯米浆入不锈钢锅加热，边煮边搅，以免煳锅；将要开锅时加少许白砂糖，打去浮沫，出锅。

厨师心得

要做出传统核桃酪的口感与味道，一件工具必不可少，就是石磨。

用石磨研磨，容易控制颗粒粗细程度，以求达到完美的口感。

传统做法是用大米，改用糯米是为了使口感更佳。

煮核桃酪不能用铁锅，会变色——过去都是用铜锅。

涮羊肉

《山家清供》是我国最早的食谱，作者林洪是南宋人，书中记载了中国最早的火锅涮肉：

> 向游武夷六曲，访止止师。遇雪天，得一兔，无庖人可制。师云：山间只用薄批（切薄片），酒、酱、椒料沃之。以风炉安座上，用水少半铫，候汤响一杯后（水沸后再等吃一杯酒的工夫），各分以箸，令自夹入汤摆熟啖之（自己用筷子夹肉涮熟后吃），乃随宜各以汁供。因用其法，不独易行，且有团栾热暖之乐。

因兔肉鲜红如霞，故名"拨霞供"。最后还提到也可以用此法吃羊肉。止止师堪称涮肉火锅的发明者，可惜书中没有说明他到底姓甚名谁。

有一种传说认为涮羊肉是成吉思汗或忽必烈行军打仗过程中偶然发明的，我以为不确——民间谈到美食的发明权，往往喜欢上攀帝王权贵，这是一种很恶俗无聊的习惯——蒙古族的手把肉在草原上流传至今，烹制、食用都比涮肉省事得多，没必要多此一举。

老北京吃涮肉讲究用内蒙古集宁产的小尾绵羊，还得是羯羊——阉割过的公羊，这种羊肉质肥嫩，没有膻味。一只羊身上能涮的只有上脑、小三岔、大三岔、磨裆、黄瓜条五个部位，都是肉质细嫩、瘦中带肥的。

涮羊肉一大半卖的是片肉的刀工，有厨师专门以此为生，刀法

操作厨师：陈立新

极其讲究。先用冰块压肉，压到似冻非冻的状态，再以特制的长刀切片，半斤肉能片出六寸长、一寸半宽的肉片四十到五十片，要求放在盘中对折起来如窗扇上的合页，薄、匀、齐、美，盘子倒过来肉不会下落，吃完以后盘中没有血水（用西式切香肠、火腿的机器切出来大圆片，堆在盘中作刨花状的是"棒槌"）。这种肉片才能入汤不散，一烫即熟。

调料有芝麻酱、绍酒、酱豆腐、腌韭菜花、酱油、辣椒油、卤虾油、米醋以及葱花、香菜末——过去店家不管调配，只端上一大盘盛着上述调料的小碗，客人根据个人喜好自己动手。

涮肉得就着芝麻烧饼和糖蒜吃，肉吃腻了，涮点白菜头、粉丝、豆腐或冻豆腐清口，最好再就着羊肉汤下点绿豆杂面——此面是北方的特色主食，《红楼梦》中尤三姐戏辱贾珍、贾琏兄弟时，所云"清水下杂面——你吃我看"，说的便是此物。杂面一定要用羊肉汤来煮，如只以清水煮熟，便觉涩口，不堪食用，所以才说"你吃我看"，有坐视对方陷入窘境，在旁边看笑话之意。

【麻利儿冻】

老北京涮羊肉，讲究的是吃"麻利儿冻"——就如今天的"冰鲜"，似冻非冻，既能保证肉质的新鲜，又可以挺得住刀，晶薄如纸，薄厚均匀，排列有序。

季节的不同，冻肉方式也有不一样。数九寒天，东来顺会搭起一个冰棚，将羊肉粗选，从小三岔开始带一块腰肉，以及磨裆到黄瓜条，切好挂在冰棚上结冻。而在秋天，则可采用"压冰"的方式，从筒子河的冰窖拉回天然冰；去掉羊肉的淋巴等杂质，将其分为上脑（肉质最嫩，瘦中带少许肥肉）、黄瓜条（肉质较嫩，瘦肉上有一点肥肉边）、磨裆（瘦中带一点肥肉边）、小三岔（五花肉）、大三岔（俗称一头沉，一头肥一头瘦），一层冰、一层荷叶（后改为油纸）、一层肉，再一层冰、一层荷叶、一层肉……将肉压好；每层肉都取同一部位，要码放得肥瘦搭配、纹路整齐，以肉质间的薄膜作为粘合，最后形成"麻利儿冻"。

【糖蒜】

涮羊肉的佐食中不可不提的是糖蒜——东来顺非物质文化遗产之一。自公元 1914 年东来顺添置涮羊肉后，糖蒜就成了主要配料。开始时是想从天源酱园进货，但了解了糖蒜制作工艺后，认为不妥。因为糖蒜在制作过程中，有一道工序——封闭发酵，需要将蒜与醋、盐、水一起放入坛子中，密封发酵，封口是用猪膀胱，东来顺是清真餐馆，不能使用。于是，东来顺将天源的酱菜师傅焦增请到了东来顺做酱菜把式。封口改用油布，沿用至今。

东来顺的大蒜全部选用河北霸州和山东苍山产的大六瓣蒜，腌制工序分为前期加工和后期加工两部分。前期加工包括：盐腌 - 倒缸 - 卤制 - 漂洗 - 清水浸泡 - 出缸晾晒等工序；在晾晒 20 小时后，装坛进入后期加工：白糖灌坛 - 封口捆坛 - 放倒坛子 - 滚坛 - 放气。100 天后着色入味，即可食用。

🍲 关键技术环节

选肉：内蒙古锡林郭勒盟一年至一年半的羯羊。这种羊从早到晚地吃着当地含有丰富矿物质的嫩草，羊肉红白相间，质地细嫩，无膻味。

切肉：冻好的肉横放在案板上，盖上白布（右边边缘部不要盖），再用专用的长刀切成片，每 500 克切成长 20 厘米、宽 5 厘米的薄片 80 至 100 片，切好后码在盘内。

汤底：清水中加入口蘑汤、海米、葱、姜。

调料：七个调料碗，"芝麻酱、酱油为主，韭菜花、酱豆腐为辅，虾油、料酒少许，辣椒油自由"（陈立新传授调味的"口诀"）；葱花、香菜末。

涮食：肉片入汤抖散，呈灰白色即可夹出，放入小碟，浇上调料吃（这样从头到尾调料都是一个味，不会变淡），以糖蒜、烧饼佐食。素菜的经典搭配是白菜、粉丝、冻豆腐；主食还有绿豆杂面、羊肉馅小饺子——都是涮煮着吃。

❤ 厨师心得

涮羊肉是东来顺老掌柜开创的北京代表性清真菜肴，荤素搭配、亦菜亦汤，还包括主食，有"一菜成席"的美名。

涮羊肉好吃，切肉是关键。先用刀切去肉头（不整的肉），片去肉上的一层薄膜，左手五指并拢，手掌向前压紧盖布和肉块。右手持刀，紧贴左手拇指关节下刀，如拉锯似的来回拉切，每片切到一半时，用刀刃将该片羊肉折叠，再继续切到底，使得每片羊肉都是对折的两层。而这样切出的羊肉片以薄、匀、齐、美著称，投入汤中一涮即熟，吃起来又香又嫩，不膻不腻。只是每天按着冰冻的羊肉练切工，是一份普通人难以坚持的苦工。

炒麻豆腐

北京有一样小吃，屡见籍载：

胡金铨先生在谈老舍的一本书上，一开头就说：不能喝豆汁儿的人算不得是真正的北平人。这话一点儿也不错。就是在北平，喝豆汁儿的人也是以北平城里的人为限，城外乡间没有人喝豆汁儿，制作豆汁儿的原料是用以喂猪的。

——梁实秋《雅舍谈吃·豆汁儿》

卖熟豆汁儿的，在街边支一个摊子。一口铜锅，锅里一锅豆汁，用小火熬着。熬豆汁儿只能用小火，火大了，豆汁儿一翻大泡，就"澥"了。豆汁儿摊上备有辣咸菜丝——水疙瘩切细丝浇辣椒油、烧饼、焦圈——类似油条，但做成圆圈，焦脆。

——汪曾祺《四方食事·豆汁儿》

豆汁儿可以说是北平的特产，除了北平，还没有听说哪省哪县有卖豆汁儿的。爱喝的，说豆汁儿喝下去，酸中带甜，其味醇醇，越喝越想喝。不爱喝的说其味酸臭难闻，可是您如果喝上瘾，看见豆汁儿摊子，无论如何也要奔过去喝它两碗。

——唐鲁孙《中国吃·北平的独特食品》

麻豆腐和豆汁儿都源于绿豆经过浸泡、磨碎、发酵、提取淀粉后的下脚料，即所谓"生豆汁儿"，将之大火加热烧开，马上改小火，

■操作厨师：王小明

即成熟豆汁儿；继续旺火煮之，滤去水分，即成麻豆腐（见《中国小吃·北京风味》）。

麻豆腐味道酸馊、口感枯涩，所以要用羊尾巴油使之滋润，用雪里蕻使之有味，用青豆调剂口感，用辣椒增添香辣和颜色——所用主辅料俱都廉宜，而操作麻烦，细节多多，口味厚重而香辣、怪异，既能佐酒又很下饭。我颇疑心这道菜是京城落魄旗人的发明。

这些旗下大爷一无所长，好吃懒做，落魄之后又死要面子，已经没有值得炫耀的政治、经济地位了，只好专门鼓捣这些既便宜又费事、既能解馋还能标榜自己旗下大爷的身份、口味不同凡俗的食物，包括有大名的炸酱面在内——摆一桌子面码，五颜六色，所费无几——估计都与他们这种奇特的心理、做派有关。关于旗人（"旗"是军事单位，旗人不限于满族，还包括蒙古、汉及其他民族）的独特虚荣心和炫耀方式记载甚多，这里就不一一列举了（有兴趣的读者可以看看刘小萌著《清代北京旗人社会》和金易、沈义羚著《宫女谈往录》的有关章节）。

【自然发酵 + 五种配料】

这就是炒制出好吃的麻豆腐的关键。自然发酵的麻豆腐具有天然的酸爽味道，而不可或缺的雪菜、青豆嘴、黄酱、羊油渣儿和韭菜末，成就了麻豆腐的酸、咸、酱香与清新复合的完美之味。

关键技术环节

羊尾巴油切丁，放入热锅中煸炒出油，将羊油渣儿捞出待用。
热油锅中放入葱段、姜片，爆香，煸炒少许黄酱。
下麻豆腐翻炒，根据锅中情况适量加点油以防巴锅。
加入雪菜、青豆嘴，以及之前煸炒出的羊油渣儿，继续翻炒。
出锅后装盘，用勺在炒好的麻豆腐上摁个窝，把用香油现炸出的热辣椒油浇在上面。
撒上韭菜末。

🍳 厨师心得

麻豆腐购自北京红桥豆汁店。

炒制麻豆腐之前，煸炒些许黄酱，可以增加麻豆腐的酱香。

麻豆腐一定要用羊油炒透，即北京土语所谓"羊尾巴油大咕嘟"。

另外，一定要用现炸的辣椒油，才配得上麻豆腐的香味。

第 6 章 沪菜

SHANGHAI CUISINE

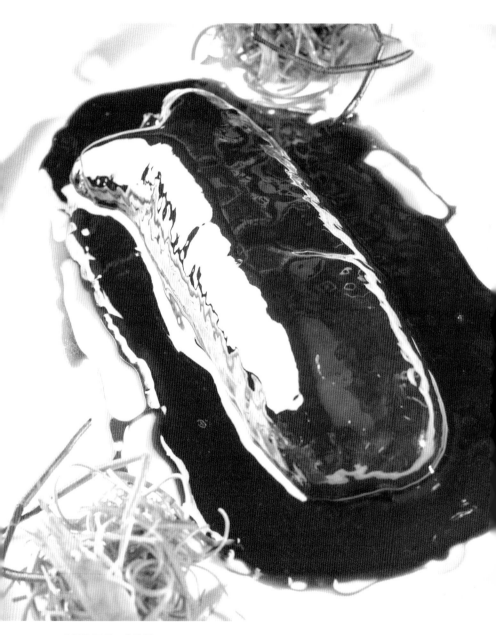

操作厨师：金黎明

虾子大乌参

　　上海土生土长的本帮菜向来以"浓油赤酱"为号召，虾子大乌参正是其代表性的杰作。

　　据《上海名店名菜谱》记载，此菜上世纪二十年代末由德兴馆创制——德兴馆 1884 年开业，原址位于十六铺真如路，专营具有浓郁上海特色的本帮菜，以糟钵头、白切肉、炒圈子驰名沪上。

　　大乌参只是体形硕大而已，并非什么高档货色，而且外层过硬，涨发困难，吃口不佳。德兴馆的名厨杨和生应义昌海味行老板之请，为打开海参在本地的销路，反复试验，终于找到发制和烹调的诀窍，并以红烧肉的卤汁加上干虾子提味增鲜，粗料细做，解决了保持海参外形完整与软烂入味之间的矛盾，遂使原本上不得台盘的大乌参成为本帮名菜。

　　梁实秋先生在《雅舍谈吃》中记载了一道"红烧大乌（参）"，吃起来"不能用筷子，要使调羹，像吃八宝饭似的一匙匙的挑取"，"汁浆很浓，里面还羼有虾子"——大约是同菜异名吧。老先生对此菜的理解极为到位："这道菜的妙处，不在味道，而是在对我们触觉的满足。我们品尝美味有时兼顾到触觉。红烧大乌吃在嘴里，有滑软细腻的感觉，不是一味的烂，而是烂中保有一点酥脆的味道。这道菜如果火候不到，则海参的韧性未除，隐隐然和齿牙作对，便非上乘了"——

对海参火候的形容入木三分，确是知味者言。

　　此菜合格的出品要做到乌润光亮、质地软糯、酥而不碎、汁浓味厚、腴而不腻、鲜而不腥。唐振常先生上世纪四十年代吃过此菜，他的描述是"入口即化，夸张一点说，不必咀嚼，可以顺流而下"，而且"宋美龄最喜德兴馆此菜"——宋女士似乎对口感软烂的菜肴情有独钟，她喜爱的另一道名菜南京六华春的炖菜核，取当地特产"矮脚黄"青菜菜心，用鸡汤炖熟，同样以酥烂入味著称。

【水发大乌参】

　　大乌参的涨发很复杂。首先要将大乌参的外壳燎焦，刮去硬壳，放入冷水浸8-9小时，再换清水在旺火上烧开，离火冷却，取出清洗。如此反复3至4次，直到大乌参发胖柔软，再放入冷水漂浸。整个过程中，不能让大乌参碰到一点油腻，否则会发不开或干脆融化。(见《中国菜谱·上海》P121)

关键技术环节

　　过油：炒锅烧热，油八成热，将大乌参皮朝上放在漏勺里，浸入油锅，轻轻抖动，待爆裂声减弱微小时，捞出沥油。

　　烧制：锅内留少量油，皮朝上放入大乌参，加入绍酒、酱油、红烧排骨汁、白糖、河虾子、肉清汤烧开，加盖后小火烧4分钟，捞出大乌参，皮朝上放在盘子上。

　　浇汁：锅里的卤汁加湿淀粉勾芡，淋入葱油搅拌均匀，撒入葱段，将卤汁浇在大乌参上即可。

厨师心得

　　海参发制过程中怕油，而烹制时正好利用此点，短暂的过油可以使部分水分析出，便于吸收卤汁的味道。传统卤汁中要加入红烧肉的汤汁，如今换成红烧排骨汁，降低了卤汁的油腻程度。

全家福

　　杂烩类的菜品在中国几乎各地皆有（安徽有道名菜，干脆就叫"李鸿章杂烩"），而以鲁菜、沪菜所制最为知名。年夜饭餐桌上的"全家福""一品锅"固然是好口彩，实则为每位家庭成员都能各取所需耳。故原料务求丰美，干货鲜品、禽畜鱼虾、山珍园蔬，无不取精用弘，分别治净，形状各异，色彩纷呈，口感、味道既相容、又相异。餐馆、家庭都能制作，原料内容、档次可以因地制宜、因人而异。

　　上世纪七十年代，我家的年夜饭是海派的——例如，吃咸、甜两种馅心的汤团而不吃饺子——必备的菜除了许看不许吃的一条红烧整鱼之外，就是一盘全家福。

　　此菜之难不在火候的准确或食材的贵重，而在于原料多样，需要分别治净，无比啰唆，少说也得提前三天预备：熏鱼要腌后晾干再炸；猪肚要用盐、面粉、醋洗好几遍，白煮；大块猪五花肉清水煮八成熟，用江米酒汁腌透，炸至肉皮起皱，是为过油肉；鱼肚、蹄筋要温油涨发；海参要水发。蛋饺做起来更麻烦，得把鸡蛋液摊在手勺里，蛋皮成形时放入肉馅，趁蛋皮上面尚未尚未熟透时挑起一半，按在另一半上（父亲说这是"元宝"，事关来年财运）——把上述原料分别切块，加上少许白斩鸡块、肉片（温油滑过）、笋片一起下锅略烧，装盘，最上面放几粒炒虾仁即可。

操作厨师：金黎明

后来，查了一下上海本帮菜老字号"同泰祥"的菜谱，发现家父的做法与之大同小异，看来他老人家还是有传授的。

有一年春节前，清华大学美术学院的《装饰》杂志委托我设计一桌年夜饭的菜单，我安排的第一道菜就是全家福，邀请北京文奇美食汇的潮菜厨师长罗粉华师傅帮忙操作，主料务求精美，尽态极妍，计开：辽参、花枝、炸鱼豆腐、潮州牛肉丸、鸭胗花、羊肚菌、栗子、白果、水发干鱿鱼花、火腿粒、甜豆、冬笋花——十二种原料皆精选上品，色泽、口感、味道、形状各不相同，分别加工之后，入锅急火爆炒，紧汁亮芡、丰盛饱满的一大盘，食之充肠适口，畅快淋漓，足以补偿童年永远无法满足的饕餮之心。

关键技术环节

鱼肚、海参涨发好后，改刀待用。

鸡片、猪肉片、猪肚、浸泡过的干贝、冬菇，先后下锅，一起滑油后，捞出沥油。

锅中留适量油，下入滑好油的原料和海参、鱼肚，烹入绍酒，加酱油、盐、砂糖和清汤烧开，勾芡后，加适量清油推匀，淋麻油起锅装盘。

虾仁下油锅滑熟，捞出沥油。

锅中加清汤、绍酒、盐，下入虾仁，勾芡后淋麻油，浇在装盘的食材上即可。

厨师心得

此菜可依个人喜好选择食材，原料种类没有一定之规，还有加入胗肝、火腿的；只是原有的腰花现在越来越少被选入其中了，这也是为了迎合现代人的口味而做出的改良。

操作厨师：金黎明

烤子鱼

　　上海有一些属于冷荤范围的菜品是要"冷菜热吃"的，像烤子鱼——上海人都这么叫，无论在家里自己做还是到餐厅点菜，可是做成罐头却叫凤尾鱼，甚怪。

　　父亲生长沪滨，小时候我家的饮食习惯大半是海派的——比如吃凤尾鱼，最好是春天直接到上海去吃——此时的雌鱼腹中有子，是当令的美食；退而求其次，父母利用出差的机会，到上海菜市场买来新鲜货色，请亲戚代为加工，带回北京。自烹的新鲜凤尾鱼，肉薄的地方酥脆，肉厚的地方带点嚼头，调味汁的浸润在似有似无之间，甜咸适中，其中必有几条个儿大、腹中饱含鱼子的，鲜香腴美，着实诱人。

　　长江下游，盛产洄游产卵的鱼类（其实江河湖泊里的中华绒螯蟹在淡水中性成熟之后，深秋时节也要到咸淡水交界的长江口产卵交配的，成长路径刚好和洄游鱼类相反），其中既有古代的"贵族"鲥鱼，也有如今的"新贵"刀鱼（我不止一次听苏南长江沿岸的朋友提起，早年间刀鱼是多么廉价，因为多刺，有人还不爱吃），最平民化的应该就是凤尾鱼了。淡水中捕捞的洄游鱼类之所以美味，是因为鱼儿们为了繁衍后代，并保证逆流而上时有足够的体力，在海里成长时体内积累了丰富的养分；而且从海水游到淡水的过程中，随着身体里的盐分逐步减少，肉质也渐渐变得嫩滑——江阴江面捕捞到的刀鱼之所以最为著名，估计和刀鱼洄游至此，体内盐分刚好褪尽有相当关系。

当年实在吃不到时鲜货色时，馋极了，就去买"梅林"牌凤尾鱼罐头。罐头凤尾鱼的特点是炸得透，油脂充分浸润鱼身内外，再密封入罐头，已经完全没有脆的口感，变为酥润；个头均匀，没有太大的惊喜，偶见有鱼子的；味道较淡，我家的习惯是蘸辣酱油吃——在上世纪七十年代的罐头食品中亦属于难得的美味了。

【凤尾鱼】

又名"子鲚""烤子鱼"，学名"凤鲚"，属名贵的经济鱼类，其形状尖细窄长，侧扁，银灰色，犹如凤尾，故名。是一种洄游性小型鱼类，平时多栖息于外海，每年春末夏初则成群由海入江，在中下游的淡水入口处作产卵洄游。我国沿海各大江河口附近均有分布，以天津海河、长江中下游、珠江口为最多。产期为4-8月，长江中下游清明前的凤尾鱼品质最好。（见"百度百科"）

关键技术环节

新鲜烤子鱼，去鳞、去头、去内脏，放入盆内，加酱油、绍酒拌匀浸渍。

炒锅中将葱爆香，加绍酒、酱油、精盐、白糖、清水、小茴香、桂皮、姜片，在旺火上烧到卤汁收浓，再改小火保温。

旺火油烧至八成热，将收拾好的鱼分批摊放在漏勺里沥去浸汁，下入油锅炸制九成熟，捞出。待油温回升至八成热，再将鱼回锅复炸至金黄色，浮起后马上捞出，放入一旁保温的卤汁中浸泡后即可。

厨师心得

此菜要成功，一定要选产自崇明岛的烤子鱼，且6月中下旬带子的鱼味最美。

八宝辣酱

我以为这原本是一道"路菜"。

所谓"路菜"，顾名思义就是为方便旅行途中携带、食用专门制作的菜肴。在没有现代交通工具的时代长途旅行，事先必须准备一些吃食，在没有合适的就餐条件时能够简单方便地取食，以保证营养，补充体力。其中的主食叫做"干粮"，如烧饼、油炒面、馕；副食叫做"路菜"，普通如大头菜炒肉丝、肉松、牛干巴，高级如《红楼梦》里荣国府的茄鲞。有了干粮、路菜，哪怕走到穷乡僻壤、野店荒村，只要能烧一壶开水，就不至于挨饿了。古人远行，无论游宦商旅，皆隆而重之，家人固然要自制一些路菜，亲友间也以馈赠路菜作为送行的"节目"之一。

邓云乡先生描述路菜颇为到位："其特征是重油、稍咸、无汁，可以经久不坏；便于冷吃，食用方便；香而多油，但不腻，易于吃粥、下饭；无汤水卤汁，放在瓷罐中或菜篓中便于携带。"（《红楼风俗谭·"茄鲞"试诠》）"重油"一点尤为重要，一定要通过煸炒或浸炸将食材中的水分尽量置换出去，这有三大好处：一是缩小体积、重量，方便携带；二是使食材变得味浓、耐嚼，以少量的副食可配大量的主食；三是食材脱水则不易腐败，何况多余的油脂会自然浮在容器的上部，隔绝空气，也利于防腐。这款辣酱作为路菜是合格的。

操作厨师：金黎明

　　"八宝"云云其实是"上海辣酱"的"升级版"，这种辣酱，主料不过是肉丁、豆干丁、笋丁、花生米，在上海几乎家家会做，随便去一间街边小面馆也一定会有辣酱面出售——进入现代，路菜往往变成了各地的风味小食。

　　大概没有人会想到，在有了火车、飞机的年代，辣酱又派了一回"路菜"的用场——当年上海知青上山下乡最爱带到农村的吃食就是辣酱。不知本该在学堂读书的少年在西双版纳原始森林中吃辣酱时是什么心情，归心似箭耶？决心扎根耶？"青春无悔"云乎哉？有志于撰写中国旅行生活史者，千万不要忽略了这一笔啊。

🖐 关键技术环节

　　虾仁、鸡肉丁、熟猪肚丁、鸭肫丁、笋丁、栗子、白果、花生仁分别初加工。

　　用甜面酱、郫县豆瓣酱、糖一起熬成辣酱。

　　辣酱下入油锅煸炒出红油，放入除虾仁之外的 7 种原料一起煸透炒熟，加入绍酒、肉清汤，烧开后改小火烧 3 分钟，再改旺火，勾芡推匀，让酱汁紧包原料的同时，将味道煨入其中，出锅装盘。

　　虾仁上浆。新鲜虾仁，用鸡蛋清、精盐拌和上劲，再加干淀粉拌匀，静置或放入冰箱 1 小时左右即成。

　　上浆虾仁加少许肉清汤烧开，勾芡，浇在炒好的原料上即可。

💟 厨师心得

　　这是上海菜中少有的辣菜，辣味柔和舒服不霸道。炒制辣酱时，在郫县豆瓣酱中加些许泡辣椒（事先用水略浸，去咸去酸），可使菜品煸炒之后颜色更红亮。

操作厨师：金黎明

糟门腔

沪上有夏日食"糟货"的习惯。所谓"糟货",是指用糟卤浸泡已熟食材,使之入味,并以糟香为卖点的冷菜。

酒糟之为物,其来远矣,中国人在史前时期就开始以稻米、蜂蜜和水果混合发酵酿制饮料。有酒就有糟,南北朝时期的《齐民要术》记载有"糟肉法",即以盐、糟、水制成"糟卤",浸渍烤肉;并不像同一著作中记载的以酒藏瓜,特别强调"经年不败"——可见用糟腌渍食物,固然要利用其中残余的糖类、酵母微弱发酵,和少量酒精一起在一定程度上抑制腐败,主要还是为了追求糟腌之后的特殊美好的风味。在此以前,主要的加工防腐手段只有干制(包括晒、烘、熏)和腌制(包括盐渍和发酵),酒、糟的加入,不仅是技术层面的创新,也是美食艺术的进步。

"糟货"的流行始于宋代:《梦粱录》记载有糟制的羊蹄、蟹、鹅、猪头肉,《西湖老人繁盛录》记有糟鲍鱼,《武林旧事》记有糟黄芽、瓜齑——已经荤素、禽畜、河海两鲜俱全了。

当代用糟手法,有生熟、冷热之别。生糟自然用冷糟,关键在于食材是生的,代表作是浙江平湖糟蛋。熟糟则有冷热之分,热糟如鲁菜之糟熘三白、糟煨冬笋、糟蒸鸭肝,沪菜也有糟钵头;上海的糟货则属冷糟范围,内容极其丰富多彩,常见荤味有糟脚爪、猪耳、头肉、门腔、猪肚、白肉、鸡、翅尖、凤爪、鸭、鸭掌、鸭舌、鸭胗、虾、蟹、田螺、蛏子，素食则有糟毛豆、冬瓜、茭白、莴笋、冬笋、花生、百叶、水面筋——简直"糟到家了"！

我于糟货，特爱门腔（即猪口条），以其味道、口感最适合糟制，成菜滋味之特别，软、糯、韧、滑、酥、爽、脆、润、香、鲜、肥、厚兼而有之，糟货中罕有其匹。

糟货原本是夏季时令冷菜，要求原料鲜活，本色淡雅，糟香突出，爽口耐嚼。江南溽暑中，佐以冰镇啤酒，食之清凉开胃，沁人心脾。

【糟卤】

南方糟卤的制作和北方的糟汁不同。

取适量香糟放入盆内捏散，倒入黄酒拌匀，下盐、白糖、整葱、姜块、茴香、丁香、山奈、桂皮、花椒，搅拌均匀，在常温下浸泡 10 小时左右；倒入白布袋中，吊起来，下置大盆，让糟卤滴漏在盆内；用网筛过滤后，存入瓶内或缸内密封、冷藏。

关键技术环节

猪舌洗净放入锅中，注入冷水，没过猪舌，大火煮开。待猪舌完全变色后捞出，冲洗干净并用刀刮掉表面白膜。

再次注入没过猪舌的冷水，放入姜、花椒大火煮开，撇去浮沫，加入绍酒再次煮沸后调成小火加盖煮 30 分钟，至猪舌完全成熟酥软时捞出。

用经过滤水器的过滤水洗净，放凉后切成 0.3 厘米厚的片，浸入糟卤，放入冰箱，浸泡一天一夜。

厨师心得

浸泡是糟菜的关键，浸泡的时间可以和放入的盐量成反比，盐多，则浸泡的时间可短；盐少，则浸泡的时间要长。浸泡过程可在冰箱中完成，既可保证菜肴新鲜，又可让食材变得更加紧实，口感更有弹性。

油焖笋

我本俗人，吃饭一贯是无肉不饱，到了南方，却偏爱蔬食，以其品种丰富，多北地所无，质多脆嫩，味皆清鲜耳。荠菜取其香，莼菜取其滑，菊叶取其凉，芦蒿取其嫩，各有所长，都是我素来喜爱的——最爱却是竹笋，清洁芳馥，松脆甘鲜，笠翁许为"蔬食中第一品"（见《闲情偶寄》，下同），真是当之无愧。

笠翁又云："食笋之法多端，不能悉纪，请以两言概之，曰：'素宜白水，荤用肥猪。'茹斋者食笋，若以他物伴之，香油和之，则陈味夺鲜，而笋之真趣没矣。白煮俟熟，略加酱油。从来至美之物，皆利于孤行，此类是也。以之伴荤，则牛羊鸡鸭等物，皆非所宜，独宜于豕，又独宜于肥。肥非欲其腻也，肉之肥者能甘，甘味入笋，则不见其甘，但觉其鲜之至也。"——此说大体不错，不过四百年来，中餐又有巨大的发展变化，笋的吃法也多了不少新意。

鲜笋特别适合与腌腊、发酵、干制过的食材作配，荤的如咸肉、火腿、腊肉，素的如福建酸菜、冬菇；笋干则需配肥厚的鲜货，红烧肉、老鸭汤里的笋干皆为点睛之笔。

平生食笋多矣，以地域论，则苏州、安吉、宜兴、杭州、黄山、武夷、扬州、上海、湖南、四川、重庆等等，不可胜数，品类甚繁，滋味各有所长。念念不忘者，是武夷山的"冬笋"（武夷名产，号称

▌操作厨师：金黎明

"东笋、西鱼、南茶、北米"，竹笋产量极大，尤以东路上梅的金竹、首阳一带所产冬笋为佳，故名），味鲜而甜，无泥土味，脆嫩之中含有酥润，尤为难得——吾友武夷茶人王建平年年馈我以膏馋吻，使人既感且愧。

食笋最鲜美的一次是在云南，到西双版纳的莽枝山问茶，在村长家午饭，已经饱食了土鸡、农家猪肉，村里有人刚好挖来春笋，问我们吃不吃，我老实不客气地说："吃。"又问怎么吃，我要求连壳用柴灶里的余烬煨熟，即刻剥开，蘸盐巴，众人食毕，尽皆喝彩；都回来好几个月了，同行者还有人跟我念叨，以为是人间至味——其实我不过刚好想起《山家清供》里的"傍林鲜"，照方抓药而已。

【油焖】

焖法是由烧、煮、炖、煨演变而来的，将原料加盖，用中小火较长时间烧煮至酥烂而成菜的烹调手法。根据传热介质不同，又可分为油焖和水焖。

焖菜一般不勾芡，而是让汤汁自行黏稠。成菜形态完整，滋味醇厚香美，故有"干滚不抵一焖"之说。（见《中国烹饪百科全书》P371）

关键技术环节

春笋洗净，剖开，切段。

炒锅烧热，下油烧至五成热，将春笋放入油锅煸炒2分钟，至色泽微黄。

加入酱油、糖和水，用小火焖5分钟，待汤汁收浓时，淋上芝麻油出锅。

厨师心得

此菜是上海菜重油重糖的代表作，现在收汁不如从前紧，是为了让成菜视觉效果更佳。另外，还有一些改良的做法，例如加入鲜桃仁与春笋同焖。

▌操作厨师：金黎明

生煸草头

谕云："一方水土养一方人。"我祖籍南方，生长京华，对这一点感受颇深。仅就叶菜而论，同是美味，北地所产的多数肥硕粗壮，代表如大白菜，一棵菜可重达十斤以上；江南则是细嫩纤弱，典型如草头，不过是轻飘飘三片指甲盖大小的叶子。

叶灵凤先生在《江南的野菜》中写道：

> 另一种更普通的野菜是金花菜，一名三叶菜，古称苜蓿，原本是马吃的，据说还是张骞出使西域从大宛带回来的，这就是今日上海人所说的"草头"。这种野菜现在也渐渐的成为"园蔬"了。除了可炒吃（即上海馆子的"生煸草头"），我们家乡还将它腌作咸菜，日久色泽微黄，吃起来甘中略带苦涩之味，是很好的"茶淘饭"小菜。

叶先生南京人，上世纪三四十年代颇有文名，与梁实秋先生一样被鲁迅骂过，晚年客居香港，犹得以恬淡清新的笔墨渲染苏南与香江风物、美食，1975 年以病终，得年七十有一，幸哉！

苜蓿原产西域，有文献可征，当时是作为"战略物资"引进的，用作从大宛强取的"汗血宝马"的饲料，不过那是紫苜蓿；江南的草头学名南苜蓿，别是一种。

文字记载吃草头的历史始于唐代——宋林洪《山家清供》："开元中，东宫（太子所属）官僚清淡，薛令之为左庶子，以诗自悼曰：'朝

日上团团，照见先生盘。盘中何所有，苜蓿长阑干。'"古人于是常用
"苜蓿生涯"代指冷衙闲曹特别是教育系统低级官员的清贫生活。

　　每食草头，都感慨南方人生活的精巧细致——满满一篮子草头，
细细拣择，费上半天时间，炒熟之后，所得不过浅浅一盘，菜甚廉宜，
家常蔬食肯下这等功夫，北方难得一见。

　　草头宜配大荤，本帮名菜有草头圈子（猪大肠）；所谓干煸也要加大量
猪油；江阴一带烧河豚用草头垫底，据说能解毒——不知是否有科学依据，
而河豚肥厚，汤汁浸润草头，滋味大佳。

　　江南烧菜喜用黄酒调味，唯烧草头要放高粱酒，香味始出，亦奇。

【草头】

　　学名苜蓿，豆科植物。

　　中国产的苜蓿，主要有三种：第一是紫苜蓿，茎长约六分米，直立，开紫花
荚豆转弯曲。第二是黄苜蓿，茎不直立，匍匐地上，开黄色花，叶状如镰。这两种
都产于北方各省。第三种是野苜蓿，俗名草头，又名金花菜，茎卧地，每一细茎，
上有三小叶，中国长江下游有野生和栽植，作为蔬菜食用。（见"百度百科"）

关键技术环节

　　草头嫩叶洗净沥干。

　　热锅下油烧至九成热，放入草头、精盐、白糖急煸炒，加水（加快调料溶
化），随后加入高粱酒（软化素菜纤维，增加酒香味）。

　　将草头捞起沥去汤汁。

　　旺火热油，草头二次下锅煸炒至略变色，加入冬菇丝，点上酱油，颠翻一下
出锅。

厨师心得

　　生煸是上海的特有做法，以生煸时令菜为代表。要求煸炒时旺火热油，煸炒
后迅速出锅。

竹笋腌鲜

　　西餐特重食材的搭配，经典如法国的肥鹅肝配黑松露，意大利的火腿配蜜瓜，中餐也讲究配搭，有一种路数是专取同一食材的鲜品和加工品放在一起，以产生特殊的美味。著名的例子有——浙江的金银蹄：以火膧（即火腿的肘子）炖猪肘；南京的炖文武鸭：以烧鸭（即烤鸭）与白鸭各半只同炖；山东的烩两鸡丝：以生鸡丝和熏鸡丝合烩；影响最大的就是这道上海的竹笋腌鲜了。

　　加工过的食材，优点是耐储存，有特别醇鲜香肥的滋味，但味道往往过于厚重或偏咸、含水量低，而对应的鲜品恰好味淡、水分充足——两者互为补充，使淡者咸，咸者淡；腴者清，清者腴；乃至干者润，薄者厚。"文武"相会、相撞、相济、相融，相得益彰，产生一种全新的"融合味"，远胜其原本各自的滋味，而且鲜美程度以几何级数增长，于兹可见中国传统烹饪艺术的神来之笔。

　　杏花春雨时节，江南的新笋脆嫩无匹，腊月里腌制的咸肉滋味正好，沪滨家家户户都会把它们和鲜五花肉一起炖一大砂锅，融新陈、荤素于一锅，调味不过略施姜、酒，肥厚而爽，浓腴而清，咸中寓甘，酥糯含脆，汤醇肉香笋鲜，其味之美无以言状。我从小就好此味，每年清明前后去江南喝新茶，必饱饫方归。

　　这道菜做法家常，只要原料好，火候足，自然有味，值得一说的

要领不多：

江南春笋有竹笋与毛笋之分。毛笋肥大，耐储存，肉厚而酥；竹笋纤细，易变质，肉嫩而脆，香味也远胜毛笋——有条件的话，尽量选用竹笋，可使汤的格调提升不少。

幼时吃过的咸肉都是瘦肉火红咸鲜，肥肉透明香糯，肥肉和肉皮的滋味尤胜瘦肉，这样的咸肉如今踪迹难觅了。

一般家庭、餐馆都喜欢加入百叶结，豆腐皮味道与此菜毫不相干，徒乱汤意，我所不取。

【腌笃鲜】

此菜又名腌笃鲜。腌，即咸猪肉；鲜，即鲜猪肉及春笋；沪语中"烧煮"称为"笃"。此菜是上海市郊和江南地区流行的家常菜，也是清明前后春笋破土露尖时菜馆的时令菜。

关键技术环节

咸猪肉和鲜猪肋条肉，切成 3 厘米见方的块；春笋切成滚刀块。

猪肉放入锅中，加冷水和葱、姜、黄酒，加盖以旺火煮沸，将肉块捞出，用冷水洗去血沫，同时撇去汤面浮沫。

将咸猪肉、鲜猪肉一起放回汤中，旺火煮开后小火熬至汤汁浓白，加入春笋焖煮 10 分钟，加盐调味即可。

厨师心得

此菜主角有三：咸肉、鲜肉和春笋，一起烧煮出食材的本味。其他原料如百叶结、莴笋，可依个人口味选加。

第 7 章 湘 菜

HUNAN CUISINE

▌操作厨师：张景严

酸辣笔筒鱿鱼

上世纪八十年代之前，北京和内地吃的鱿鱼都以干货为主，当时的鱿鱼在干品海货里也算有一号，经常和海参、鱼肚之流相提并论的。

先民发明各种干货（包括风、晒、晾、烤干），乃至腌、熏、糟、醉、发酵类的加工食品最早只是为了防腐以便于长期储存和长途运输，《诗经·邶风·谷风》云"我有旨蓄，亦以御冬"，此之谓也。这样，在非收获季节和非原产地，也能享用"旨蓄"。随着时间的推移、技术的进步，才逐渐发现加工后的食材居然能产生与鲜品不同、甚至超过鲜品的美好滋味。在这个方面世界各国都有各自的特产，如西班牙的火腿、意大利的萨拉米肠、法国的奶酪、挪威的鳕鱼干、日本的干鲍、韩国的泡菜，等等等等。但论起历史之长、品类之丰、手法之繁复、食用之广泛，恐怕非中华莫属。

如今的餐厅，鱿鱼几乎全是鲜品当家，其实鲜品、干货各有所长，是不能、也无法互相代替的。干品鱿鱼经过水发，有一种鲜品不具备的特殊口感，柔软中带一点韧性，这种韧性又不是鲜品那样的滑而"坚韧"，其中又包含着些许酥、涩、爽、脆，再加上一点淡淡的碱味，配上漂亮的花刀，半透明的质地，给人带来属于传统中餐的特殊的审美享受——全家福、砂锅什锦之类的杂烩菜里往往有它的踪影。

湘菜近些年的流行几乎是从剁椒鱼头、火焙鱼、酸豆角炒肉泥之类的湘潭农家菜肇始发端的，于是很多人都以为湘菜就是一味的辣。

其实，且不说湘菜有湘江流域、洞庭湖区、湘西山区风味的不同，即便是作为代表的长沙菜，其经典口味也是浓淡分明，酸、辣、软嫩、香鲜、清淡（对！清淡！）、浓香，岂是一个"辣"字可以了断的。

【剞刀法】

剞刀法，与直刀法、平刀法、斜刀法一起构成了烹饪加工的基本刀法。剞刀法，就是运用直刀和斜刀法在原料表面划一些一定深度刀纹的方法。通过剞刀，原料易于成熟和入味，受热后可翻卷成各种花纹。而根据这些成熟后的花纹，剞刀又可分为麦穗花刀、鱼鳃花刀、荔枝花刀、菊花花刀、卷形花刀等等。（见《中国烹饪百科全书》P109）

酸辣笔筒鱿鱼是湖南著名的刀工菜。其鱿鱼片对厨师的剞花刀技术要求很高，需要用力均匀，刀口整齐，经开水焯过后，卷成笔筒状。

关键技术环节

剞刀：将冷水中浸泡半小时的干鱿鱼（不带须）去骨，从中间直切成两大块，在原来有骨的一面，每隔几毫米的距离先剞直刀，再横剞反斜刀，深度为鱿鱼厚度的2/3，再将剞过花刀的鱿鱼切成3厘米长、2厘米宽的长方形片。

涨发：将改刀后的鱿鱼装入碗中，冲入70℃热水，使鱿鱼片卷成笔筒形，再入碱水中浸泡半小时，使鱿鱼变嫩，接着用温水洗两次，除去碱味。

汆油：炒锅置旺火上，放油两斤，烧至八成热时，下鱿鱼卷，爆一下立即捞出，放漏勺中沥油。

炒制：在油锅中煸炒葱、姜、蒜、酸泡菜（萝卜）、辣椒，再放入鱿鱼卷，继续煸炒，随后加入米醋、盐和味精调出酸辣味，勾芡起锅。

厨师心得

此菜对刀工要求很高，将鱿鱼剞刀，可以缩短鱿鱼的成熟时间，使热穿透均衡，达到原料内外成熟、老嫩一致。鱿鱼水烫、油爆时要迅速，以保证鱿鱼口感的脆爽。

另外，酸萝卜泡菜在此菜中的作用也至关重要。制作方法是将陶坛洗净抹干，放入温开水、精盐、花椒、白酒、白糖；随后，将胡萝卜切片浸入卤水中，密封陶坛。经过发酵，夏季一周、冬季两周，萝卜即可变得酸香。

腊味合蒸

　　家父是南方人，家母是纯粹的北方人，我生长京华，按说饮食习惯应该偏北才是，却从小酷爱南方的腌制食品——咸肉、香肠、火腿乃至咸蛋、蟹糊、黄泥螺，无不甘之如饴，家母一提起来，就觉得奇怪。但由于家里没有湖南、四川、云南几省的亲戚，吃到正宗的腊肉是相当晚近的事情。广东腊肉亦享盛名，我家倒有不少至亲，集中在梅州大埔，客家山区生活困苦，哪里会有腊肉远馈北京的亲戚？

　　同为腌制的肉食，腊肉比咸肉多了一道烟熏的工序，不仅有利于防腐、久藏，更产生了一种特殊的美好风味。咸肉多数是腊月腌制，从第二年春天开始吃，过了夏天也就快吃完了；腊肉则可以陈年，每次想起青城后山农家黑黝黝的老腊肉都垂涎不已——肥肉蒸熟之后透明如水晶，既香且厚，毫不油腻，真是人间至味。

　　国内腊肉产地不少，以湖南、云南、四川、广东诸省最为著名。以原料论，猪、牛、羊、鸡、鸭、鱼乃至禽畜内脏，几乎无不可腊；还可灌制各色腊香肠。湖南腊肉之美，端赖皮薄肉嫩的宁乡土花猪，原始的做法是腌后挂在农家柴灶的灶头熏，熏好的成品肥肉腊黄，瘦肉棕红，烟熏的香味远较他省为重。

　　腊肉吃法甚多：可以独沽一味，亦可配合其他荤素食材，冷热皆宜，蒸炒俱佳，最有名的吃法当推湖南腊味合蒸和广东腊味煲仔饭。

▌操作厨师：张景严

按照营养学家的说法，腊肉中饱和脂肪酸和胆固醇的含量都超高，盐也相当不少，而且烟熏过程中，腊肉表面还会附着一些致癌成分——哎呀呀，腊肉爱好者如我真是岌岌乎殆哉！

美食与健康似乎永远在冲突，美食爱好者也永远面临两难的抉择——好在如今的社会压力山大，人的死法也常常花样翻新，愈出愈奇。依我的拙见，死于口腹之欲，总算善终，至少不失其潇洒吧？

【荷叶夹与荷叶饼】

荷叶夹是用发面，以模具制成形如对折荷叶的面夹，蒸熟；荷叶饼是用烫面，擀成薄饼，烙制而成。

关键技术环节

各种腊味的味道都偏咸，因此做腊味合蒸时，不宜再放盐调味，以免成菜过咸发苦。

蒸制前，要将腊鱼（鲤鱼或草鱼）的骨、鳞去除。

用鸡汤或高汤来蒸腊味，可使腊味更加滋润，减轻咸味，增加鲜味，汤汁也更香浓。

腊味合蒸上桌后，要趁热吃完，不然猪油变冷会凝固，吃起来会很肥腻。

厨师心得

两种以上的腊味，即可称为合蒸，可依个人口味自由组合，将腊味码于一钵，加入高汤，上锅清蒸而成。成菜颜色深红，香醇多味，咸鲜香辣，柔韧不腻，有浓郁的烟熏味，与荷叶夹同食，滋味更佳。

操作厨师：张景严

东安子鸡

　　清末苏州出过一位显宦——潘祖荫，出身贵公子（祖父潘世恩是大学士）而非纨绔，通经史，嗜金石，有名士风。咸丰二年中探花，官做到尚书、军机大臣，数典乡会试，以得士称。

　　咸丰年间，太平军起事，从广西一路打到湖南。时任大理寺少卿的潘祖荫做过一件挽回国家气运的大事——左宗棠当时为湖南巡抚骆秉章掌书记，主持抵御太平军的军务，被人参劾，潘上疏论救，折中名句云："国家不可一日无湖南，湖南不可一日无左宗棠。"左之简在帝心、数绾兵符、征战东南、经略西域、拜相封侯，一生事业皆发轫于此，故对潘感戴终生。潘能否预料自己将一言兴邦，后人无从揣测，但绝不会料到同时一语成谶，国家真的从此"不可一日无湖南"——自曾、左、胡以降，百余年来，三湘四水间走出无数枭雄豪杰，志士仁人，开天辟地，叱咤风云，纵横捭阖，关系国家兴衰成败者不知凡几。

　　东安是僻处湘西南的一个小县，隶属柳宗元做过司马的永州，清末湘军风生水起的时候悄无声息，孰料民国年间出了位一级上将唐生智——如今知道这位将军和他老弟唐生明的人不多了，想当年，两兄弟与不知多少重大历史事件、重要历史人物密切相关（唐生智，1927年，北伐，任国民革命军第八军军长；1937年，南京保卫战，任南京卫戍司令长官；1949年，领衔湖南各界一百零四人通电起义，任第一届全国政协委员），写成回忆录也够得上小半部民国史了。

要不是湖南出了个唐生智，"醋鸡"这道东安小食也许永远埋没民间，也未可知。传说北伐之后，唐在南京宴客，席间上了这道家乡菜"醋鸡"，宾客赞不绝口，有人问及菜名，唐以为原名不雅，随口说是"家乡东安鸡"——东安鸡之名自此不胫而走，遂成湖南名菜（见《中国烹饪百科全书》"东安鸡"词条）。

中国菜以鸡入馔者不可胜数，而煮至半熟，取肉切条再炒的只此一例；此菜口感细嫩，酸香之中略带麻辣，开胃醒脾，色调清新素雅，在麻辣味的菜肴中独具一格。

【醋鸡】

东安子鸡源于醋鸡，以当地的脚小胸大的小母鸡为原料，以盐、醋和干辣椒调味，传说源于唐代开元年间。

🍵 关键技术环节

选当年小柴鸡。

将鸡放入汤锅内煮10分钟，至七成熟时捞出，去骨鸡肉切成长条。

油热后先煸炒葱、姜、干辣椒丝等配料，入下鸡条，继续煸炒。

加入米醋、盐调味，稍焖两三分钟，收汁，放入葱段，勾薄芡，颠锅，最后淋上芝麻油，起锅。

🍲 厨师心得

传统做法用柴鸡烹制，味道鲜美而肉质稍硬，所以要先煮一下。现在柴鸡难得，多选用肉鸡，鲜美不及柴鸡而肉质较嫩，就不必先煮再炒了，可取腿肉，直接生炒即可。

发丝牛百叶

　　牛是反刍动物，有四个胃，其中网胃又名蜂巢胃，即粤菜所谓"金钱肚"；瓣胃又名百叶胃，即牛百叶。

　　牛百叶质地奇特，常规的烧法无非两类口感，一类要求烧得酥烂绵软，没什么可说的；另一类则追求火候恰到好处，入口脆中含韧，而且表面不光滑，仿佛留青竹刻的沙地，麻麻渣渣，不仅嚼之有声，还能使口腔得到难以言传的快感，享受到一种纯粹只属于中餐的美妙境界。

　　话虽如此，牛百叶却往往被视为贱物，难登大雅之堂。所以北京的水爆肚属于街头小吃，重庆的毛肚火锅原是码头工人的恩物，四川前辈作家李劼人在《风土什志》中记载："吃水牛的毛肚火锅，则发源于重庆对岸的江北。最初一般挑担子零卖贩子将水牛内脏买得，洗净煮一煮，而后将肝子、肚子等切成小块，于担头置泥炉一具，炉上置分格的大洋铁盆一只，盆内翻煎倒滚着一种又辣又麻又咸的卤汁。于是河边、桥头的一般卖劳力的朋友，便围着担子受用起来。各人认定一格，且烫且吃，……既经济，又能增加热量。"

　　不过，在烹饪高手眼里，食材只有价格之别，没有贵贱之分，湘菜厨师就把牛百叶料理成一道脍炙人口的名菜——《中国烹饪百科全书》收录湖南菜二十一道，此菜赫然在目，其地位不言自明。

操作厨师：张景严

　　这道菜有两个卖点：一是刀工——要求将牛百叶和竹笋切得细如发丝；二是火候——讲究急火爆炒，口感脆嫩；另外颜色也漂亮——牛百叶丝洁白如雪，外裹极少量淡红的油汁，清新雅洁，赏心悦目之极，一洗人们心目中湘菜色重味辣的偏见。

【百叶】

　　牛肚内壁中皱褶的部位，经切丝急火爆炒，具有脆嫩、鲜香的独特风味。

　　在长沙，百叶和牛蹄筋、牛脑髓被誉为"牛中三杰"。发丝百叶更是三杰中的佼佼者，在长沙市各大餐馆广为流传。（见《中国烹饪百科全书》P141）

🍲 关键技术环节

　　初加工：牛百叶的初加工也即初步熟处理——将生牛百叶分割成几块放入桶内，倒入沸水没过百叶，用木棍不停地搅动 3 分钟，捞出百叶用力搓揉去掉表面的黑膜，用清水漂洗干净，下冷水锅煮 1 小时，至七成烂捞出。

　　改刀：这是一道考校刀工的菜，初加工后的牛百叶逐块平铺在砧板上，剔去外壁，切成约 5 厘米长的细丝；冬笋片切成略短于牛百叶的细丝。

　　祛腥：将牛百叶丝盛入碗中，加醋、精盐拌匀，用力抓揉去其腥味，再用冷水漂洗干净，挤干水分。

　　焯水：牛百叶、冬笋丝用沸水焯一下。

　　煸炒：油烧至八成热后，放入焯好的冬笋丝、百叶丝翻炒，再加红油（曲园的红油以辣椒油和葱自制，小火慢炸，如果喜欢色泽鲜艳的，可以再加一些辣椒面）、盐和胡椒粉调味，出锅前烹少许醋即可。

💬 厨师心得

　　湘菜中有许多菜都属于烹饪中的"快炒菜"，多采用旺火热油、急火快炒。这种爆炒的方式，在短暂的高温加热下激发出食材质脆味香的特点。发丝百叶就是其中一道。

操作厨师：张景严

汤泡肚

这里的"泡",其实就是其他菜系的"爆","汤泡"者,"汤爆"也——即把加工成花刀块或大薄片的主料在沸汤中迅速焯至断生后捞入碗内,另外用相对于两倍主料体积的沸汤进行调味,盛入主料碗内而成菜的方法(见《中国烹饪百科全书》)。

猪、牛、羊的胃是一类极为特殊的食材,其纤维与一般肉类不同,并无什么特别美好的味道而以口感胜——如果慢火炖烂,无非绵软而略带弹性,毫无出奇之处;如果以沸油(或沸水)猛火,快速熟成,则产生神奇效果,嚼起来脆嫩、爽口、弹牙,能给口腔带来极大的快感。就我的浅陋所知,此等精妙的烹饪艺术敝国独步世界,而时下的中国厨师都热衷于学外餐一点"三脚猫"的功夫以为"创新",能料理此味的越来越少,每食爆肚不觉叹息久之。

猪肚最厚的部位称为肚头,剥去里外硬皮之后才是肚仁(或称肚尖),只有这一点精华才能拿来爆。牛、羊皆为反刍动物,有四个胃,其瘤胃最厚的部位是一长条,俗称肚领(或肚梁),剥去里外硬皮之后为肚仁,油爆、水爆皆宜;其瓣胃呈叶片状,牛的称为百叶,羊的称为散丹,水爆即为北京名小吃爆肚(爆羊肚比爆牛肚细腻、讲究);还有一种芫爆散丹(早年只取羊肚,如今也用牛肚),是先煮烂,再切丝,加香菜段爆炒成菜——很多人不识芫荽之"芫"(读如"盐"),

故此菜名称凡写对、往往被错读为"元"爆；凡念对，往往被错写为"盐"爆。

西方有一传统，以夸称热爱东方或其他被认为欠发达地区的神秘文化为时髦，声称热爱中国文化特别是饮食文化的老外人数不少，北京尤多，其实就像很多领域一样，真爱真懂的少，装腔作势的多。我鉴别此辈真伪的办法就是请他们吃爆肚（油爆、汤爆、水爆皆可，为了省钱也可用炒腰花代替）——不识、不吃此味而只知恐惧胆固醇者，唯有目笑存之，再不与之言中国菜，更甭说中国文化了。

【高清汤】

以鸡、火腿等上好食材吊出的高汤，再用鸡肉碎扫成清汤，汤清无杂，味浓爽口。

☕ 关键技术环节

取猪肚仁剔去油筋，改鱼鳃花刀（剞花刀的一种，即先每隔 2 毫米宽切直刀，不要切断，深度是食材的 2/3，再每隔 4 毫米宽横切一道斜刀，第一、二刀不切断，第三刀切断，即成鱼鳃形——见《中国烹饪·湖南》P41），一是美观，二是便于入味，三是利于成熟。

高清汤烧开，将泡制好的竹荪与油菜心放入汤中，加入精盐、胡椒粉，烧开后盛入汤碗内。

在旺火上沸腾的水中烫肚仁至八成熟，焯的时间必须适当，一般肚仁至颜色由深变浅、质地由软变脆嫩为好。

肚仁与汤必须同时加热、一起上桌，上桌时将八成熟的肚仁倒入烧好的高清汤中，继续烫熟，此时食用，肚仁的火候正好合适。

💟 厨师心得

竹荪品质也是关键，在挑选干竹荪时，可以靠闻味道、看颜色来辨别好坏。好竹荪气味有一点点甜味，颜色是淡黄色的；劣质货一般都用硫黄熏过，有硫黄气味，而且很白。此菜切忌加入葱或香菜。

冰糖湘莲

上初中时就背诵过周敦颐的《爱莲说》："予独爱莲之出淤泥而不染，濯清涟而不妖，中通外直，不蔓不枝，香远益清，亭亭净植，可远观而不可亵玩焉。"——我对理学家素无好感，但不影响我欣赏这篇干净漂亮的文字和喜爱莲花。

年年初夏，我都托莳花的朋友老白觅一缸荷花放在朝阳的落地窗前。古人说"昙花一现"，其实，每朵荷花从初放到零落也不过四五天的工夫。好在花盛时婷婷袅袅，一室清芬；花谢后荷叶田田，依旧清凉满目；到了初秋，枯荷亦别有意味。

莲原产中华，花、叶并楚楚可观，莲子、莲藕皆可食，纤弱如不禁风，而有益于人如此。

莲芯是莲子中间的绿色幼叶及黄色胚根，中医认为可以清心火，代茶饮，苦中带甘；我在重庆大足荷花山庄还喝过用荷叶乃至荷花蕊做的"茶"，馨香隽永，风味大佳；产莲的地区多有以荷叶包裹食材，或蒸或烤的"包烹法"，著名如荷叶粉蒸肉、叫花鸡之属；荷叶无论干鲜，过去都是市肆零售食品的重要包装材料；"千湖之省"湖北还有采食藕带（即莲的幼嫩根状茎，膨大后就是藕）的习惯。

莲子鲜食滋味甚美，但要取其嫩者，食之满口清甜，和果藕一样，是老北京什刹海著名的小吃"冰碗儿"的主要食材；莲蓬一旦变得饱满，莲子就不堪鲜食了。

操作厨师：张景严

干莲子有干莲子的好处——四季可食，不产莲子的地区也可用来解馋，故传统宴会常以莲子为餐后甜品。蒸熟后可以加冰糖水，也可以浇蜜汁。

湖南、福建所产莲子皆有名，而自古以为湘莲品质最佳。莲子的品质差别甚大，关键在发好之后，要色泽牙白，口感酥糯绵软，且有莲子独具的清香。有的莲子是无论如何也煮不烂的，或者发制时干脆加碱，色味皆败。

袁子才《随园食单》云："建莲虽贵，不如湖莲（即湘莲，清代湖南、湖北合称湖广）之易熟也。"湘莲胜于建莲之处，大约在此吧。

【湘莲】

历史上称为"贡莲"，至今已有二三千年的种植历史，是中国四大莲子（湖南湘莲、福建建宁建莲、浙江武义宣莲、江西广昌赣莲）之一。主要品种包括湘潭寸三莲、杂交莲，华容荫白花，汉寿水鱼蛋，耒阳大叶帕，桃源九溪江、衡阳的乌莲等。湘莲粒大饱满，洁白圆润，质地细腻，清香鲜甜，具有降血压、健脾胃、安神固清、润肺清心之功。（见"百度百科"）

关键技术环节

去皮：将湘白莲下入冷水锅烧沸，用刷子倾斜搓擦；到莲子皮易于褪去时，换入温水，用双手捧起莲子继续搓擦，再用清水冲洗 2 次，至莲子皮洗净为止。

去芯：用牙签从莲子下部将莲心抵出，浸泡在凉水中。

蒸熟：将去皮去芯的莲子放入多半碗水中，加冰糖，上笼蒸发至软。

浇汁：莲子装盘，取蒸莲子滗出的冰糖原汤勾芡，浇于莲子之上即可。

厨师心得

此菜也有另一种传统做法，即将莲子上笼蒸软后，浇入加了青豆、樱桃、桂圆肉和菠萝丁一起煮开的冰糖水，使莲子浮在水上。两种做法各有千秋，相同的是，一定要注意莲子上锅蒸的时间不宜太久，蒸得太烂会不成颗粒，影响外形与口感。

第 8 章 闽菜

FUJIAN CUISINE

操作厨师：强振涛　金星

佛跳墙

佛跳墙在闽菜中的地位与烤鸭在京菜中的地位相仿佛，而且是对中餐影响最大的一道福建名菜——不少菜系都有类似菜品，甚至直接以"佛跳墙"命名——开花散叶，名传四方。

关于来历，历来都认为是清代福建布政使周莲命衙中厨役郑春发从官钱局学习仿制，并加以改进；后郑开设聚春园菜馆，推出此菜，一夜成名。《中国烹饪百科全书》相关词条认为"此菜早在宋代就有，宋人陈元靓的《事林广记》中有记载"。

我手头没有《事林广记》，只有高阳先生《古今食事·美食在明朝》所引刘若愚《酌中志》的记载："上（明熹宗朱由校）喜用炙蛤、鲜虾、燕菜、鲨翅诸海味十余种，共烩一处食之。"当可视为佛跳墙的滥觞。不过，明代宫中的做法是在锅内"烩"，清代福建的做法是用酒坛"焖"，单就烹饪技法而言，后者当然略胜一筹——用密封性好的器皿，小火长时间煨熟，是烹制富含胶原蛋白的食材特别是水发干品山珍海味的不二法门，廉价如猪蹄，珍稀如鱼翅，概莫能外。只有通过这个缓慢的加热过程，主料的胶质、辅料的鲜味才能逐步释放，主料吸收鲜味，胶质融入汤汁，结果是主料软烂入味，汤汁醇厚鲜美。

不过，设计这种"杂烩型"的菜品是有相当风险的，简而言之，主料、主味不容易突出；每种食材味道、质地、初步加工的手法、对火候和调味的要求各自不同；一个细节不到位，就会满盘皆输。所以古今中外，这类菜品成功的很少，中餐有一品锅、全家福，法餐有普罗旺斯鱼汤，西班牙有海鲜饭，寥寥数种而已。

【头汤】

又称原汁汤或原汤。因首次制取而得名，其色泽介于清汤与毛汤之间，汤味醇鲜。制作时原料一般按猪骨头、鸡、鸭、净猪肉、肘子等的顺序下入清水锅中，先用旺火烧沸，改用小火将原料烧至成熟，取出汤汁即成。

【二汤】

又称毛汤。以制作头汤后的原料继续炖、煮而成的汤，其色淡而鲜味清和。（见《中国烹饪百科全书》P738）

🍲 关键技术环节

吊头汤：老母鸡、老鸭、肘子、牛肉、猪皮、腔骨、凤爪，加葱、姜、八角、桂皮、绍兴老酒（亦有厨师选用福州特产的青红酒），煲 18 小时（大火煮开后，小火慢熬）。

二汤煨：用二汤分别将初加工过的鱼翅、鱼唇、干贝、辽参、鱼肚、牛鞭、鲍鱼、花菇、鸭胗、墨鱼、猪肚、蹄筋等原料，煨半小时（因原料不同，所用时间也不同，因此一定要分开煨）。

炖盅蒸：将煨好的原料封装入佛跳墙炖盅，加入头汤，上笼蒸 10 分钟。

💛 厨师心得

此菜传统做法，是将原汤和各种原料，由下至上，按照原汤 - 鸡、鸭、羊肘、猪肚、鸡胗 - 鱼翅、火腿、干贝、鲍鱼 - 花菇、冬笋、白萝卜球 - 刺参、蹄筋、鱼唇、鱼肚的顺序，放入绍兴酒坛，用荷叶盖好，上面扣一个碗，放在木炭炉上慢煨而成。如今的做法已经简单了许多，原料也因档次不同而选材不同。但有一点是一直未变的，就是成菜汤汁适口的黏稠度完全来自食材本身的胶质，绝不依靠勾芡。

鸡汤氽海蚌

此菜又名鸡汤氽西施舌。

梁实秋先生《雅舍谈吃》中有《西施舌》一章云：

　　郁达夫一九三六年有《饮食男女在福州》一文，记西施舌云:《闽小记》里所说西施舌，不知道是否指蚌肉而言，色白而腴，味脆且鲜，以鸡汤煮得适宜，长圆的蚌肉，实在是色香味形俱佳的神品。

　　案《闽小记》是清初周亮工宦游闽垣时所作的笔记。西施舌属于贝类，似蛏而小，似蛤而长，并不是蚌。产浅海泥沙中，故一名沙蛤。其壳约长十五公分，作长椭圆形，水管特长而色白，常伸出壳外，其状如舌，故名西施舌。

　　初到闽省的人，尝到西施舌，莫不惊为美味。其实西施舌并不限于闽省一地。以我所知，自津沽青岛以至闽台，凡浅海中皆产之。

　　…………

　　我第一次吃西施舌是在青岛顺兴楼席上，一大碗清汤，浮着一层尖尖的白白的东西，初不知为何物，主人曰是乃西施舌，含在口中有滑嫩柔软的感觉，尝试之下果然名不虚传，但觉未免唐突西施。高汤氽西施舌，盖仅取其舌状之水管部分。若郁达夫所谓"长圆的蚌肉"，显系整个的西施舌之软体全入釜中。

前辈的老先生的境界确是后人难以企及，随意点染，举重若轻，

我想说的话就被先生说尽了，正好偷懒，只做一点小小的拾遗补阙：

与鲁、苏、川菜的吊汤不同，此菜用的清汤是蒸出来的，清汤的过程则先煮后蒸，鸡茸要捏成球，还用上了鸡血，最后纱布过滤。

西施舌，太平洋西部沿海浅滩多有出产。闽菜大师强振涛告诉我，以福州闽江口长乐漳港一带所产个体较大，长度可达两三寸以上，肉质脆嫩，味甘美，号称漳港海蚌，乃是烹制此菜的最佳原料。可惜近年捕捞过度，越来越难找了。

我一贯反对餐饮业给菜品命名时与古代美女拉拉扯扯，如把河豚精白叫"杨妃乳"之类，吊古人的膀子，庸俗无聊——但这次发现"西施舌"居然是此蚌学名，倒是厨师老老实实称之为"海蚌"，真是难得。

【海蚌】

此海蚌最佳的是产于福建省长乐县漳港淡咸水交汇处，世界上只有意大利有相同品种，壳含紫色或带点白色，肉质鲜嫩。（见《中国菜谱·福建》P123）

🍲 关键技术环节

开蚌：将海蚌两片壳的连接处撬开，蚌尖切片，蚌裙切开，洗净。

烫蚌：蚌尖、蚌裙放在漏勺内，入沸水烫至五成熟，取出。剔去蚌膜，用绍兴酒拌匀，再加鸡汤稍浸后捞出，沥去汤汁，分放在碗中。

鸡汤：鸡肉、牛肉、猪里脊肉，加入清水，上笼旺火蒸 3 小时，去肉取汤；将鸡脯肉剁成馅，加适量鸡血和精盐，捏成几个小球，与鸡茸汤下锅煮 5 分钟，捞出鸡茸球，倒入剩余的鸡血搅拌，去杂质；再将鸡汤倒入盆中，放进鸡茸球，上笼蒸 1 小时取出，用纱布过滤成清鸡汤。吊好的清鸡汤煮开，加入盐调味。

上桌：将煮开的清鸡汤和装有蚌肉的碗一起上桌，把鸡汤徐徐淋在蚌肉上，现氽现吃。

🍳 厨师心得

过去的海蚌都是生长到 5-6 年时被打捞上来，海蚌大而肥。但现在随着环境的改变，海蚌长到 1-2 年就会被打捞，且越来越少，蚌肉就尤为珍贵。

操作厨师：强振涛　金星

红糟鸡

　　糟，是造酒的副产品，本来是无用之物，很多地方用来喂猪的。古代中国厨师聪明智慧，富于想象力，用它来料理美食，并且形成了无可替代的特殊风味。

　　常见的糟大约有四种：醪糟、香糟、太仓糟油、福建红糟。

　　醪糟是四川的叫法，长三角一带叫酒酿，其实就是江米酒，用蒸熟的糯米和酒药发酵而成；酒和糟是混在一起的，烹饪时并不特别分开。因为本身就是甜的，故多用于甜食、小吃，如酒酿圆子（四川叫醪糟汤圆）、酒酿水泼蛋等，一般不被视为烹调用糟——唯一的例外是长三角一带蒸鲥鱼，专门用酒酿而不用黄酒祛腥、调味，不知何故。

　　最常见的是香糟，其实也是用糯米酿制黄酒后剩下的渣滓，出售给餐厅之前还要加入香料精制，使香味更浓，故名，这种糟越陈越香，以浙江绍兴和山东即墨所产最为著名。厨师使用香糟之前还要再调制一次，香糟捏碎，加入黄酒、盐、糖和各种香料，拌匀，泡透，倒入布袋，吊起来，使其中液体慢慢滴下即成。成品鲁菜称为香糟酒、制作糟熘、糟煨类菜肴时用来调味；沪菜称为糟卤，既可以制作冷食的糟货，也可以制作热菜如糟钵头——两个菜系所加香料不同，鲁菜比较单纯，主要加糖桂花；沪菜则加入葱、姜、花椒、茴香、桂皮、山奈、丁香，近乎五香味了。

　　太仓糟油是加工好的现成调味料，制法是将糯米浸水蒸熟，加甜酒药入缸发酵，酿成酒浆原液；再用榨出的原液配上丁香、月桂、玉果、茴香、玉竹、香菇、白芷、陈皮、甘草、花椒、麦曲、盐等二十多种辅料，兑入糟油底子，入缸密封一年始成。糟油是咸鲜口，时间越长糟油越香。苏州名菜糟糟熘塘（鳢鱼）片，就要加入糟油。

红糟为闽菜常用，是以红曲、酒药拌入糯米饭密封发酵成酒，沥净酒汁后，再密封一年以上而成。除了鸡，红糟还可烹制肉、鱼、海鳗、螺片，糟香扑鼻，是八闽特有的风味（见《卤制菜肴与糟制凉菜》）。

多数糟制的菜肴，讲究呈现食材本色，淡雅清新；红糟却反其道而行之，艳红鲜亮如玫瑰，不由你不眼前一亮，胃口大开。

【青红酒】

此酒被誉为闽派黄酒的正宗，主要是因为酿造工艺复杂，酒品浓郁醇香，营养丰富。

时至今日，青红酒的酿造取料依然极其讲究，以上好的闽江江畔糯米，和闽越山泉兑酿的古田红曲，泥封静置数年乃至数十年。如此酿出的酒，坛不破而有酒香溢出，色泽如琥珀。酒体浓稠，入口极软，易咽爽口，却后劲十足，三五碗后，经过小半时辰，必大醉。（见"百度百科"）

关键技术环节

油锅六成热，姜、葱煸香后，放入红糟，加少许清汤煸炒，点入青红酒，加糖、盐调味。红糟料炒好后放凉待用。选清远鸡（闽菜传统多选用本地土鸡，如今则以清远鸡代之），清汤中加入葱、姜、烧开，把整鸡放入后，改小火浸熟。加盐调味后，捞出放凉。鸡斩成四大块，把炒好的红糟料抹在鸡肉上，放容器中加盖腌半天即可。斩块，拼成整鸡，装盘即成。

厨师心得

做此菜选用隔年酒糟最好，发酵充分，味道浓郁。福建的传统做法还可将鸡做成热菜，即炒完红糟料后，直接放入鸡块翻炒，再放入猪骨汤、白糖、虾油、青红酒，煨熟，出锅前淋上芝麻油，香浓味美。

太极芋泥

块根、块茎是人类最早栽培和驯化的植物之一。与谷物相比，它们有很多优势：

首先，种植省时省力，而且产量极大——在农业基本靠天吃饭的前现代，怎么强调这一优点的重要性都不为过；

其次，加工、烹饪方法简单，直接抛入火中煨熟即可，无需任何技巧和加工器具——而谷物烹饪前需要脱粒、去壳，有些如小麦还要磨成粉（在发明石磨之前，谷类只能直接烹煮粒食，相对于大麦，小麦种皮硬而粉黏，粒食会难以下咽），何况煮食还需要陶制的容器，烹饪过程中还要有人负责调节火力大小；

第三，淀粉含量高，占百分之三十左右——现代人要减肥，视含糖量高的食物为洪水猛兽，发明化肥、农药之前的人类抵御自然灾害的能力极差，粮食作为重要的民生甚至战略物资，长期处于供不应求的状态，含淀粉的食物关键时刻是能用来救命的（我小时候，政府按每人每月的定量给北京城市居民配给粮票，只能到户口所在地附近的指定粮店购买，具体到每人可购买的富强粉、标准粉、糙米、粗粮数量都有详细规定，而糯米、精米只有逢年过节才恩赐少许，甚至连属于零食的花生、瓜子都在国营粮食系统的管控范围之内，只有春节前一年一次供应每人几两。如今，上述食品可以随时去超市选购，给

操作厨师：强振涛　金星

一些小超市打个电话，还能送货上门——以今视昔，真是恍如隔世）。
（见《中国食料史》）

　　此所以，在上世纪以前（含上世纪），中餐一直喜欢把以芋头、山药乃至甘薯之类蒸烂、碾碎成泥，调以糖、油，做成甜品，当作正规宴会的尾食，视为不可或缺的美味，如八宝芋泥、桂花山药泥、红苕泥等等。《红楼梦》中贾母赏给秦可卿的"枣泥馅的山药糕"亦属此类甜食，不过加工手法更加精细而已。

【槟榔芋】

　　一种大型芋头，福建境内以福鼎所产最为著名，单个母芋最大可重达 6 公斤。形似炮弹，外皮粗糙；剖开后，芋肉乳白，横断面呈现紫色槟榔花纹，故名。芋肉细、松、酥，适合炸、煮、蒸、炒，可甜可咸，既可作菜，又可充粮。（见"百度百科"）

关键技术环节

　　槟榔芋去皮上笼蒸 0.5-1 小时至软糯，用刀侧面压成茸状，拣去粗筋。
　　芋茸加白糖、猪油、少许牛奶（避免太稠），拌匀。
　　放入盘中、抹平，再上笼蒸透，约 20 分钟后取出，将熟猪油淋在芋泥表面。
　　用豆沙或莲蓉浇在芋泥的半边表面，画出"太极阴阳鱼"的图案，撒上白芝麻即可。

厨师心得

　　因为芋泥上浮着一层热猪油，看不到它的热气，却是一道极烫的甜菜。
　　传统做法要加入红枣、冬瓜糖、瓜子仁、樱桃，而无牛奶；"太极阴阳鱼"的一部分用枣泥铺成。

第9章 徽菜

ANHUI CUISINE

一品锅

　　清代制度，官员出差或奉旨回籍，需领取兵部颁发的"勘合"（相当于介绍信），凭"勘合"可以"乘传"（"传"音赚，指驿站的马车）——无偿享用驿站（相当于官方招待所）的车马和其他服务。

　　官员过境，沿途地方官根据来人是否钦差、与皇帝或上级关系深浅、双方品级、有无隶属关系、彼此熟悉程度、交情、利害等多方面因素决定接待规格。最威风的是钦差，真所谓"如朕亲临"，全城文武官员都要到接官亭迎接，恭请圣安，设置行辕，公宴演剧，不在话下。普通官员在一般情况下，也不作兴"微服过宋"，都要找一个对等或有关系的衙门，投帖拜会，礼貌周旋一番，地方上如果觉得关系重要，多少还要馈赠一份"程仪"（名义上的旅费，达官显贵之间可以是成千上万两的白银），最起码的接待是送一桌席面到来人的临时住处，高级的有"双烤席"（头菜是两件烧烤，如烧鸭子、烧乳猪、烤方之类）、"燕翅席"（头菜是燕窝、鱼翅）——头菜的等级决定整个席面的菜品、餐具的规格、数量，故以之命名——比较低级的，完全敷衍面子，也要送个一品锅，再配些酒、菜、主食。

　　所谓"一品锅"，其实是盛在火锅里的大杂烩，在视旅行为大事的古代，它有几个突出的优点：一是食材事先加工成半成品，吃的时候再加热煮开，在没有冰箱的时代可以尽量防止食物变质，保证卫生；二是火锅能加热、保温，雨雪载途的旅行之后，在没有暖气的房间里吃上这么一餐，是相当幸福的；三是食材蛋白质、脂肪含量很高，长途旅行无论是乘车、轿、船，还是骑马、步行，速度都有限，不能保证每次打尖都在繁华市镇，到了荒村野店，饮食只能将就，有机会补充营养十分重要；四是能讨个好口彩——"官升一品"，宾主双方都有面子，也就避免了可能的挑剔、抱怨。一品锅历史上各地都有，内容、做法、餐具大同小异，不过像徽菜这样至今还保留在日常生活中的，不多了。

关键技术环节

圆白菜、五花肉做馅；用猪皮擦一下平底锅，将鸡蛋液（传统做法使用鸭蛋）摊在上面，煎成蛋皮。用蛋皮包裹肉馅，蘸蛋黄液将蛋皮两边粘上，上笼蒸熟。

圆白菜、五花肉做馅，酿入炸好的豆腐泡，封口上笼蒸。

猪油下锅烧热，下萝卜炒至透明，放入骨汤中煮1个小时，捞出沥水。

猪排骨和黑毛猪肉，加冰糖、酱油和高汤上笼蒸2小时，取出滗去蒸汁。

将初加工好的各种原料，由下至上依照萝卜、排骨、猪肉、豆腐泡、蛋饺的顺序一层层码入铸铁锅，四周围上西兰花和鹌鹑蛋。

将熬煮好的棒骨汤加入铁锅中，以中火炖半小时即可。配火炉上桌，边煮边吃。

厨师心得

传统一品锅，选用食材达十余种之多，其中少不了干豆角（寓意长寿）、笋干，一层肉、一层干菜地码上去（根据家庭殷实程度来决定荤菜和素菜的比例），最上面是一圈肉丸子、一圈豆腐泡、一圈蛋饺，中央放上半只鸡或鸽子。绩溪当地每逢旅游旺季，餐厅会在路边摆上口径0.6-1米的大锅，一早就炖上，中午卖给游客。

石耳炖石鸡

蘑菇，又称蕈、菌、耳，是最奇特的食材。

按中国传统的食材分类，如粤菜所谓"三菇六耳"，属于素食范畴。而究其实际，并非植物，乃是比植物低级的食用真菌。

蘑菇口感柔弱，香味却极霸道，越是名贵的越是如此，配搭食材可荤可素，唯不可混入其他的食用菌，如果是味道上比较缺乏个性的黑木耳之类还好，否则将一堆不同香味的蘑菇混搭一处，彼此冲突起来，何止两败俱伤？所有美好的香味都被消磨殆尽，真正是暴殄天物，此所以我对"杂菌汤"一类的"创新菜"痛恨不置。

汪曾祺先生以为"口蘑宜重油大荤"——此语深获我心。其实，所有的蘑菇都是不厌大荤的，只有足够的脂肪才能充分烘托出蘑菇的鲜香。汪先生在呼和浩特吃过的"炒口蘑，极滑润，油皆透入口蘑片中，盖以慢火炒成，虽名为炒，实是油焖。即使是口蘑烩豆腐，亦须荤汤，方出味"。东北的小鸡炖蘑菇，我在云南丽江吃过的土鸡羊肚菌火锅，乃至法国人用肥鹅肝配黑松露，都不脱此范围。

汪先生还说："口蘑干制后方有香味。"国外的蘑菇我不熟悉，国产的蘑菇炮制过的确实比鲜食更有味，比如云南的油鸡枞、宜兴雁来菌菌油（以雁来菌熬制的酱油）、湘西的寒菌菌油（用寒菌加茶油浸制而成），都比鲜食美味。

▌操作厨师：王义宁

黄山有"三石"之美：石鸡（学名棘胸蛙，生石洞中）、石耳（形似木耳而小、碎、薄，一面黑，一面褐色）、石斑鱼（出溪水中，非海产）。鱼我没有印象，石鸡炖石耳却曾大嚼——与他处料理蛙类不同，黄山的吃法是不去皮的，肉极白嫩，皮呈黑黄白三色，甚滑，同行女士看得心惊胆战，但汤清味淡而鲜甜，确是美味。形诸笔墨前请教一位热心环保的朋友——怕误食保护动物还满世界宣扬，承见告，是保护动物，但有人工养殖的——我吃的想必是养殖的吧。

【隔水炖】

这里说的炖，其实就是隔水炖。即将原料洗净焯水后，放入陶、瓷钵中，加清水或高汤，盖上盖，放在蒸锅中（锅内水要低于钵，以水沸时不溢进钵内为宜），盖严锅盖，用旺火烧，使钵内原料成熟。（见《中国烹饪百科全书》P133）

🍲 关键技术环节

石耳的清洗：用50℃温水将干石耳泡软，去蒂，加盐在手中揉搓后用温水冲洗，如此反复4-5遍，至石耳的泥沙全部洗净。

石鸡的处理：柴火灰擦拭石鸡表皮，去掉表皮上的小蚂蟥（小如米粒），宰杀清洗。

隔水炖：将石鸡放入清鸡汤中，只放盐或两片瘦火腿调味，上锅隔水炖半小时后，将石耳加入汤中，再炖5分钟即可。

📖 厨师心得

此菜有滋阴、清凉、明目的功效，烹制时不用加过多调料。这也是徽州地方菜的基本味型——咸鲜微甜，以盐或火腿调味、冰糖提鲜，意在保留食材的本味。

▎操作厨师：王义宁

臭鳜鱼

安徽省被长江一分为二，皖南与苏南、浙西北山水相连，以徽商、徽剧、徽派建筑、新安画派、徽州"三雕"、徽菜、歙砚、徽墨、宣纸为代表的徽州文化，风格跟皖北截然不同，倒是与太湖流域文化艺术的精巧细致差相仿佛。中国上世纪五十年代曾评出"十大名茶"，其中太平猴魁、黄山毛峰、祁红工夫都出于古徽州，窥斑见豹，可以想见当地山水之秀、物产之美、生活艺术之讲究。

相传在 200 多年前，沿江一带的贵池、铜陵、大通等地鱼贩每年入冬时将长江鳜鱼用木桶装运至徽州山区出售，因要走七八天才到屯溪，为防止鲜鱼变质，鱼贩装桶时码一层鱼洒一层淡盐水，并经常上下翻动。鱼到徽州，鳃仍是红的，鳞不脱，质不变，只是表皮散发出一种异味。洗净后以热油稍煎，细火烹调，异味全消，鲜香无比，成为脍炙人口的佳肴（见《中国烹饪百科全书》"腌鲜鳜鱼"词条）。中国美食的传说，多数不是妄攀名人，就是望文生义，这个说法倒是实实在在，没有吹嘘的成分，应该是靠谱的。

世人口腹之欲有殊不可解者，嗜臭即为其一。欧洲有令人掩鼻的臭干酪，我们有臭豆腐干、臭腐乳、臭苋菜梗、臭冬瓜、霉千张、霉香咸鱼——这些，我都能吃下去，有时还吃得津津有味，但始终不明白：人为什么会喜欢这些臭东西？

我还吃过另一道少见的臭味菜肴，制法与此菜接近，录以备考：夏天，早晨，把新鲜猪耳用盐搓一遍，放入瓦盆，口上用纱布封好以防蝇虫，置于阴凉通风处腌制；晚饭前取出，洗净、煮熟、晾凉、切片上桌。吃起来咸鲜微臭，口感爽脆弹牙，很是有味，酒饭两宜——这是上海亲戚家的家常菜，主厨者是家父的姨母，浦东土著，不知这是不是浦东民间传统吃法。

关键技术环节

腌制好的臭鳜鱼洗净晾干，"热锅冷油"（锅先烧热，再下油，油温七成热时，放入要油煎的食材，这样可避免巴锅），煎至两面略黄后，捞出沥油。

油锅中放入干辣椒、生姜、大蒜，也可放些豆瓣酱和辣椒酱（传统做法不放这些酱料，而是放少许五花肉片和笋片），煸炒出香，将煎好的鳜鱼下锅。

"点糖烹酱油"（点糖，可上色、提鲜；烹酱油，当酱油顺锅边下去时，高温下的酱油可增加食物的酱香味道），淋少许料酒，加清鸡汤，旺火烧开后，用中火烧半小时。

随后大火收汁，勾薄芡，淋少许猪油，出锅前，撒上胡椒粉和葱花。

厨师心得

盐码过的鱼，有难以言传的特殊风味，因此徽菜烹制新鲜鱼之前也习惯这种做法，例如翘嘴白、鳜鱼、鲢子鱼、草鱼等，炖烧之前都会用盐略腌一下，当天腌当天吃，鱼肉嫩滑且有弹性。

腌鱼时要掌握好盐的用量，不可太咸，否则变成咸鱼；也不可太淡，否则鱼肉会腐败。1斤重的鱼，夏天需要3钱盐，腌制2天；冬天2钱即可，腌制6-7天。

毛豆腐

我曾三到黄山，寻砚问茶，也没少吃徽菜。当地朋友总结徽菜特点，戏称为"盐重好色，轻度腐败"，所谓"轻度腐败"指的就是毛豆腐、臭鳜鱼。如今徽菜风光不再，尝试过"轻度腐败"的人少了，在"无徽不成镇"的时代，这两种特产一定在不少地方散发过臭味吧——我一直疑心北京王致和臭豆腐就是旅京徽州人在毛豆腐的基础上改造而成的，惜乎没有过硬的证据。

中国的菜系向来有"八大"之说，徽菜榜上有名。所谓"徽菜"，概念有广义、狭义之分，广义就是安徽菜，狭义指的是徽州菜，也就是现在皖南黄山、宣城以及浙江严州、江西婺源一带的传统菜肴。徽州菜在清代、民国年间占有重要地位，到抗战之前，仅上海就有徽菜馆130余家。上海著名的小笼馒头过去叫徽包，又名松毛包子，即源于徽州——蒸时为了防止包子粘在笼屉上，垫上黄山松的松针，故名。

徽菜能走出自然条件制约农耕经济发展的徽州，是徽商勇于"开疆拓土"的结果。清代的徽商遍布大江南北，以吃苦耐劳、讲究信誉、善于经营著称——扬州盐商泰半是徽州人，徽商还垄断了钱庄、典当行业，控制了南中国的金融命脉，"红顶商人"胡雪岩也是徽商一脉。徽商行迹所及，也就是徽菜的落脚点。

徽州人还特别重视子弟的文化教育，明清两代，通过科举考试成

■操作厨师：王义宁

为显宦的不在少数，明代有大学士许国、兵部尚书胡宗宪、清代有大学士曹振镛，新文化运动的主将胡适之先生更是徽州的光荣——此地真称得上"物华天宝，人杰地灵"了。

皖南地区，由于地理环境比较封闭，经济如今也不算发达，但这种不发达也相对完整地保存了皖南古老的生活方式、文化传统。

饮食虽为小道，也有它自己的沧桑，亦能折射出江山气运、人事代谢，值得今人寻根探源。只是千古风流，英雄割据，俯仰之间，已为陈迹，抚今追昔，不胜感慨系之。

【毛豆腐】

安徽省屯溪、休宁一带的特产。即豆腐经加工后，长出一寸左右的白色茸毛（即白色菌丝），故名毛豆腐。（见《中国菜谱·安徽》P304）

🍵 关键技术环节

毛豆腐切成长条。

平锅烧热，菜籽油七成热，下毛豆腐，两面煎黄，至表面起皱。

加入葱末、姜末、白糖、精盐、肉清汤、酱油，烧烩2分钟，颠翻几下即可。

上桌时，配一碟辣椒酱佐食（现在也有将辣椒酱直接加入锅中烧烩的）。

💭 厨师心得

毛豆腐在屯溪被称为"毛老鼠"，根据加工发酵方法不同，可以有白毛、灰毛和黑毛之分，白毛的最高级，而灰毛的最香。

毛豆腐的做法，最传统的就是两面煎蘸辣酱，也可红烧、清蒸、豆腐乳蒸，或做汤。

第 10 章 浙菜

ZHEJIANG CUISINE

▌操作厨师：毕定虎

宋嫂鱼羹

此菜见诸南宋笔记《武林旧事》卷第三"西湖游幸":"淳熙(南宋孝宗年号)间,寿皇(高宗赵构)以天下养(禅位孝宗,为太上皇)","游幸湖山,御大龙舟"。"时承平日久,乐与民同,凡游观买卖,皆无所禁。画楫轻舫,旁午如织","小舟(西湖中做生意的小船)时有宣唤赐予(经常被宣召进献所售货品,并有所赏赐),如宋五嫂鱼羹,尝经御赏,人所共趋,遂成富媪。……诗云:'柳下白头钓叟,不知生长何年。前度君王游幸,卖鱼收得金钱。'"

《说岳全传》流传甚广,高宗遂为国人熟知,其实正史中的形象与说部有很大距离——此人并不懦弱,年未冠,"挽弓至一石五斗",入金营,"意气闲暇"(见《宋史·本纪》);"博学强记",善书,不让父亲徽宗,到处鸩毒湖山、玷污书画的"乾隆御笔"给他提鞋都不配;天生的政治动物,不肯迎还"二圣",冤杀岳飞,皆处心积虑,绝非一时糊涂,后人把一切罪恶都推到秦桧之流身上倒是便宜了他。为君专制如此,竟还知道与民同乐,取民间货殖,皆有厚赐——这样的帝王,即使偏安,也比后世横征暴敛、敲骨吸髓的大一统暴君不知高明几千万倍。

同书卷第七又载:"太上(赵构)宣索(传宣索取)市食(市场上售卖的食物),如李婆婆杂菜羹、贺四酪面、脏三猪胰、胡饼、戈家甜食等数种。太上笑谓史浩（时任参知政事，相当于副相）曰：'此皆京师（东京汴梁）旧人。'各厚赐之。"——杭州菜与江苏、上海菜明显不同，主要是糖用得少，口味以咸鲜为主，多少是受了追随赵宋官家一路迁播、落户临安的宋五嫂鱼羹之类汴梁风味的影响。

高宗苟且偷安，奉币割地，背亲事金，却并不因此政治敏感点而忌讳故都市食，还能宣召摆卖小吃的"京师旧人"进宫，谈笑赏赉，也就不算太混账的皇帝了——明太祖者流就不是这样，因为做过和尚、强盗，连"光""则"（谐"贼"音）两字都忌讳，有人"舔"他"光天之下，天生圣人，为世作则"，真就丢了首级。

【打芡】

一道羹菜，除了食材的新鲜、味道的把控，打芡的水平是重中之重。不能太薄，否则羹中食材沉入碗底，影响外型；不可太厚，影响入口口感。芡汁清亮、薄厚均匀，即可让宋嫂鱼羹这道菜成功一大半。

关键技术环节

选鱼：少刺质嫩的鳜鱼，蒸熟剔去皮骨，将鱼肉切丝（传统做法是以竹筷将鱼肉拨碎）。

辅料：火腿丝、香菇、竹笋末等。

调味：猪油炝锅，煸炒辅料，增加汤羹的香味；加米醋与胡椒粉，调出酸甜胡辣味道。

打芡：所有主辅料加汤，煮沸，打芡入汤。出锅后点缀些许香葱丝。

厨师心得

酸味选用杭州"双鱼"米醋调制，口味甜酸，不会盖住鱼肉的鲜，也不会抢了胡椒的香。

选择"大风车"生粉，勾芡时锅离火，均匀适度，水开迅速膨胀，不会出现疙瘩与粉块，且色泽美观。

西湖醋鱼

此乃杭州第一名馔，制法极简单，不过草鱼活杀、汆煮、浇汁而已——中餐烹鱼的花样多矣，熘炒煎炸、蒸焖烧烤，无一不备，只用清水汆熟的，似乎只有杭州——要做到酸甜适度，微带姜的辛辣，鱼肉滑嫩而鲜，不腥不腻，有蟹肉滋味；芡汁不稠不澥，口感丰腴滑润，殊非易事。

此菜有一已经消失的特殊吃法，现代学人多有记载。

祖籍浙江湖州德清的俞平伯先生《略谈杭州北京的饮食》云：

> 客人点了这菜，跑堂的就喊道："全醋鱼带柄（？）"或"醋鱼带柄"。……等拿上菜来，大鱼之外，另有一小碟鱼生，即所谓"柄"。……后在书上看到"冰"有生鱼义，读仄声，比"柄"切合，……

> 尝疑"带冰"是"设脍"遗风之仅存者，"脍"字亦作"鲙"，生鱼也。……设鲙之风，远溯春秋时代，不知何年衰歇。小碟鱼冰，殆犹存古意。

看来，早年吃醋鱼还附赠一小盘生鱼片——我想，店家未必有多少好古之心，无非以此证明鱼的鲜活而已。

"带冰"又写作"带鬓"，高阳先生在小说《丁香花》中写龚自珍在城隍山一鱼两吃：

> 醋熘鱼送上来一看，却只得一面，另一面做了鱼生，一长条一长条的，切得极薄，就像妇人的鬓脚似的。

▌操作厨师：毕定虎

高阳本姓许——杭州横桥许氏科第甚盛，清末多出显宦——先生自道许家从清初起世居杭州，所言应有所本。

汪曾祺先生所记则为"带靶"：

> 杭州楼外楼解放前有名菜醋鱼带靶。所谓"带靶"，即将活草鱼的脊背上的肉剔下，切成极薄的片，浇好酱油，生吃。……我在一九四七年春天曾吃过，极鲜美。（《四方食事·切脍》）

梁实秋先生祖籍也是杭州，《雅舍谈吃》记楼外楼"醋熘鱼"云：

> 楼在湖边，凭窗可见巨篓系小舟，篓中畜鱼待烹，固不必举网得鱼。……
>
> 醋熘鱼当然是汁里加醋，但不宜加多，可以加少许酱油，亦不能多加。汁不要多，也不要浓，更不要油，要清清淡淡，微微透明。上面可以略撒姜末，不可加葱丝，更绝对不可加糖。如此方能保持现杀活鱼之原味。

这做法又与现在不同。醋鱼到底该不该加糖呢？望博雅君子有以教我。

🍵 关键技术环节

传统选材一定是一斤二两左右的西湖草鱼，其肉质才有所保障。

将草鱼饿养两天，促其排尽草料及泥土味，使鱼肉结实，宰杀去掉鳞、鳃、内脏，洗净。把鱼身劈成雌雄两爿（连着背脊骨的一边称雄爿，另一边为雌爿）。

必须用活草鱼烹制，入开水锅中氽至断生捞出，保持整条不碎，肉质不糊烂。

锅中原汁加糖、醋、淀粉勾芡汁，滚沸起泡，即可浇汁。撒姜末——须选嫩姜细切成小粒，不许剁——即可上桌。

💙 厨师心得

西湖醋鱼选用的西湖草鱼必须保证新鲜，才能保证肉质的鲜嫩。新鲜度略有欠佳的草鱼，可做熏鱼，绝不能用来做西湖醋鱼。根据地域与季节的不同，亦可用笋壳鱼代替西湖草鱼，肉质相近，且鱼刺相对较少。

此菜关键在于最后的水氽，据中国烹饪大师徐步荣介绍，过去鱼是冷水下锅，他改为开水下锅，中间逢水沸即加冷水，共两次，再沸即熟。

■操作厨师：毕定虎

东坡肉

所谓"东坡肉",究其实不过是精致的红烧肉,唯以酒当水耳。

上世纪七十年代曾刊行《中国菜谱·浙江》,此菜荣登榜首,却易名为"香酥焖肉"——不知苏东坡犯了什么忌讳,莫非以其曾经出仕赵宋,为"封建统治阶级"的一员乎?古时曾有头脑冬烘、夹缠不清者云:"东坡何辜,千载之下犹食其肉?"与为此菜更名者,一样大煞风景,堪称同道。东坡九泉闻之,当发一笑。

我国中原饮食自古看重羊肉,至明末犹然。东坡因为反对王安石的"新政",受到"文字狱"迫害,以黄州团练副使安置,俸给微薄,而"黄州好猪肉,价贱如泥土,贵者不肯吃,贫者不解煮",这才打起了猪肉的主意——红烧肉从此发源也未可知。

普通的红烧肉有南北两派做法。北派的要炒糖色,还要加花椒、大料,水也加得多,吃不出甜味,喜欢配以粉条、白菜、海带。南派讲究原汁原味,调味只用酱油、糖和酒,味要甜中带咸,汁越少越浓越妙,配料则笋干、霉干菜、百叶结均可。

此菜备料不易:选肉,必须是五花三层带皮的猪肉;没有皮不行,少了肉皮里的胶质,就少了一份滋润;不是五花三层也不行,只有肥瘦层层相间,才能使肥肉不腻,瘦肉不柴;皮要薄而净——老母猪的五花肉皮厚毛粗,肉老味骚,不可用。调味首重酱油,如今按传统技法自然发酵的好酱油几乎找不到了，想吃正宗的东坡肉也就不大可能；酒一定要用绍兴产的花雕；至于糖，讲究用冰糖，使汤汁容易浓稠而亮。

东坡总结烧猪肉的诀窍曰："慢著火，少著水，火候足时他自美"——迁客生涯，兴致犹自不浅——这也就是眉山苏家祖宗有德，"三苏"父子兄弟托生在皇帝相对宽厚、文网尚疏的宋朝，要是投胎有误落在后世，比如我大清顺康雍乾四位"万岁爷"手里，摊上"乌台诗案"，本人斩立决，妻、子发往打牲乌拉（今吉林省吉林市北乌拉街满族镇）与披甲人（清代戍守边疆的军人，出身降人，地位介于旗丁和奴隶之间）为奴，已经算天大的造化，哪里还有研发红烧肉的闲情呢？

🖐 关键技术环节

慢火，无水，多酒，是制作这道菜的诀窍。

煮肉的码放也很讲究，要将竹篦子垫底，铺上葱、姜，再将猪肉皮朝下码放在最上面。

调味以黄酒为主，加杭州"湖羊"酱油，姜味重，葱、白糖适量，小火煨炖2-3小时，酥香不糟，味醇，色泽红亮、肥而不腻。

将猪肉皮朝上放入小瓷罐，撇去肉汁上的浮油倒入罐中，加盖密封，旺火再蒸30分钟即可上桌。

💬 厨师心得

做东坡肉最好选用金华"两头乌"的五花肋条肉，这个部位的肉真的是肥瘦相间分为五层。现代人注重养生和保持体形，肥肉稍厚的部分，可将皮下的肥肉剔除一部分，再将皮盖回——这样做虽然成本较高，却兼顾了东坡肉的口感与食者的健康。

蜜汁火方

　　世界上不少国家都产火腿或类似火腿的腌肉，以生食而论，当推西班牙伊比利亚小黑猪火腿为翘楚；熟食，就没有能和国货比肩的了。

　　国内浙江金华、江苏如皋、云南宣威和诺邓以及安徽、江西、湖北、四川、贵州、甘肃皆产火腿，以金腿、宣腿最为知名。

　　谚云："金华火腿产东阳，东阳火腿出上蒋"，上蒋村的"雪舫蒋腿"为金腿之冠。以当地土产"两头乌"小猪腌制者尤佳：皮薄肉厚，肥肉透明，瘦肉殷红——我试过多次，取三四片火膧炖之，一室皆香，汤汁醇鲜无匹。

　　以火腿为主料的菜肴，清人《调鼎集》中记载多达三十品，炖、煨、烧、蒸、炒、拌、烩、糟皆宜，可羹、可膏、可酱，乃至其皮、爪、油、蹄筋亦可单独入馔，其为用，可谓多矣——其中独缺蜜汁一法，看来此菜出现比较晚近。

　　上述种种，皆非火腿对中餐的最大贡献——多数情况下，它是被用来做增鲜剂的，上至烹制燕窝、鱼翅，下到清蒸鱼、烧豆腐、炒米饭，传统做法都要以火腿的片、丝、条、块、丁、粒、末、茸，来提鲜、调色、点缀；更不要说各个菜系的清汤、顶汤了，没有火腿，其香鲜味必定不足，菜的品质也就无法保证了——民国年间，傅作义在北平宴请白崇禧（白是回民），丰泽园的"堂头儿"为了汤里加不加火

▌操作厨师：毕定虎

腿，还着实伤了一番脑筋呢。(见徐城北著《丰泽园的"堂头儿"》)

　　至于用味咸而鲜的火腿来做甜菜，不能不说是中餐的一大发明——这种做法除了浙江、苏沪两地也有，其他国家、地区却罕见。此菜难度在于：火腿腌制过程中，为了防腐，一定要使足够多的盐分渗入，足够多的水分排出；烹制过程恰好要反其道而行之，要使水分进入、盐分排出，否则既硬且咸，如何入口呢？时下此菜做的、吃的都少了，这与难得遇到合格的出品有不小的关系。

　　这里面有一个小窍门，最好和厨师商量选一块较肥的部位，这样才能使瘦肉不柴，咸度下降；至于火腿的肥肉部分只要腌制、存放得宜，本来就是香糯不腻的。

【火方】

　　即火腿中腰峰的上方部位。是蹄膀以上腿肉的前半部，上块称雌片，下块称雄片；中方则是上方后的部分。上方部位肌纤维均匀致密，肉质细嫩，质量最好，约占火腿全体的 35%。

关键技术环节

　　选择蹄子的上方，即火腿的腰峰肉质量最优部分的一方，是最美味的。

　　将火方修成大方块，皮朝下放在砧板上，用刀切成小方块，深度至肥膘一半。

　　皮朝下放碗中，加入冰糖、绍酒、清水，上笼用旺火蒸 1 小时；去汤水，再加入冰糖、绍酒、清水，再上笼用旺火蒸 1 小时。随后，放入白糖、莲子再上笼蒸 30 分钟，取出，将火方皮朝上放在盘中。将锅置旺火上，加蜂蜜烧沸，用水淀粉勾芡，放入糖桂花搅和，浇在火方上面即可。

厨师心得

　　这是一道很好的传统浙菜，选材成本高，制作手法精细，只是现代人出于健康与体形的考虑，对此菜有些敬而远之。做此菜的关键在于，一定要将火方蒸两遍。第一次加冰糖和绍酒，蒸制 1~1.5 小时，将汁倒掉；第二次再加入冰糖、绍酒和清水，蒸制 1 小时，淡化火方的咸味，使之肉质酥香。

厨师简介

· 张少刚 ·

中国烹饪大师。18岁入北京泰丰楼学艺，师从李启贵。从业26年，获第六届全国烹饪技能大赛热菜金奖。曾任北京天地一家、御珍坊总厨。

· 张书超 ·

苏州吴门人家饮食文化有限公司行政总厨，苏州市相城名厨协会副会长，苏州市李顺才烹饪技能大师工作室技术顾问，相城十大名厨之一。曾获首届中国淮扬实用菜品厨艺大赛特金奖、第七届全国烹饪技能竞赛热菜银奖。

· 王小明 ·

70年代在北京华侨大厦学习鲁菜烹饪技艺，曾任北京华北大酒店中餐厨师长、太伟高尔夫俱乐部副总经理。

· 陈万庆 ·

淮扬菜烹饪大师，高级烹饪技师，国家级评委，江苏省劳动模范。扬城一味餐饮管理有限公司总经理，扬州瘦西湖旅游度假投资管理集团有限公司副总经理，全国五星总厨联盟主席。师从周晓燕大师。

· 于晓波 ·

北京同和居饭庄行政总厨，师从宋进义。20岁时就开始站头灶，被业内人士称为"华天鲁菜第一灶"，中国烹饪大师。

· 陈军 ·

苏州得月楼观前店厨师长，中国烹饪大师，高级营养师，餐饮业省级评委。2003年曾入选国务院办公厅机关服务中心厨师。

· 吴镇华 ·

苏州凯宾斯基酒店中餐行政总厨。2006年入中国烹饪大师薛大磊门下学习淮扬菜；2010年参加苏州厨王争霸赛获厨王奖。

· 况明强 ·

重庆饭店冷荤间厨师长。1989年进入重庆市小洞天名小吃公司，1991年入重庆饭店。曾获第六届全国烹饪技能比赛铜奖。

·李强民·

　　北京饭店宴会厨房厨师长，拜黄子云为师研习川菜烹饪，中餐高级技师，中国烹饪大师。

·罗粉华·

　　香港潮州菜名厨，祖籍潮州。1978年入香港潮州酒楼学徒，1989年任香港潮州酒楼厨师长，2002年在香港自己投资开店。曾任北京盘古七星酒店中餐行政总厨。

·胡世平·

　　川菜名厨，曾任北京重庆饭店厨师长。1988年进入重庆市名小吃公司。1991年入重庆饭店，拜在喻贵恒大师门下，潜心研究传统川菜26年。

·彭爱强·

　　广东梅州人，擅长料理客家传统菜。曾任北京贤良汇厨师长，1949会所金宝街店厨师长。

·林劲松·

　　上海静安嘉里中心家全七福行政总厨。曾在福临门鱼翅海鲜酒楼香港店、浦东店工作，常到香港名流家中出外烩。

·陈立新·

　　1971年参加工作到北京东来顺，师承切肉技师何凤清，专攻涮羊肉加工技艺；1989年，加工制作的涮羊肉获得商业部金鼎奖；1994年，加工制作的涮羊肉获得全国首届清真烹饪大赛金奖。2008年，被认定为"北京市级非物质文化遗产项目东来顺涮肉制作技艺代表性传承人"。2009年被认定为北京市首批"中华传统技艺技能大师"。

·刘忠·

　　北京饭店行政副总厨，谭家菜厨师长，谭家菜传承人，王炳和先生的关门弟子。

· 徐福林 ·

国家高级烹饪技师，北京特级烹饪大师。北京人，祖籍山东蓬莱。1974年到王府井北京烤鸭店（今全聚德王府井店）工作，曾任全聚德王府井店总厨师长。

· 金黎明 ·

北京上海老饭店副总经理兼行政总厨，高级技师，从事烹饪行业30多年。毕业于上海南市区饮食烹饪学校，师从周元昌，曾得到本帮菜泰斗李伯荣大师的指点。

· 张景严 ·

有"京城湘菜第一家"口碑的曲园酒楼副经理行政总厨，高级烹饪技师，中国烹饪大师，曾获得中华金厨奖。参与推出的地羊宴、菊花宴，获得北京餐饮业创新奖、科技奖。

· 王义宁 ·

北京徽商故里餐饮管理有限公司厨务总监。出生在安徽黄山脚下——屯溪，对徽菜研究甚深。曾获2010年全国烹饪大赛金奖，2012年世界奥林匹克公园烹饪大赛金奖、伊尹银像奖。2012、2013年，分别荣获"中国饭店协会中国烹饪大师""全国青年烹饪艺术家"称号。

· 强振涛 ·

闽菜大师强木根之子，高级烹饪技师，中国烹饪名师，餐饮业国家一级评委，中国烹饪协会常务理事，福建省烹饪协会副会长，福州市春华大酒楼副总经理。

· 毕定虎 ·

"宴稼厨房"厨师长。师从舒国华。曾在2003年武汉菜肴创新烹饪大赛中获得金奖，2013年获得"中国临安经济技术创新能手"称号，同年11月被评为浙江省中式高级烹饪大师。

· 金星 ·

1982年从烹饪学校毕业后，师从闽菜大师强振涛。1994年获第三届全国烹饪大赛银奖。曾任北京福州会馆厨师长。

注：为方便检索，厨师排名以菜品目录为序，与年资、技术水准、供职餐厅等级、职务、职称无关。

参考书目

《齐民要术》，贾思勰著，中国商业出版社，1984 年

《东京梦华录》《都城纪胜》《西湖老人繁胜录》《梦粱录》《武林旧事》，孟元老等著，
　　中国商业出版社，1982 年

《山家清供》，林洪著，中国商业出版社，1985 年

《随园食单》，袁枚著，中国商业出版社，1990 年

《调鼎集》，佚名编，中国商业出版社，1986 年

《素食说略》，薛宝辰著，中国商业出版社，1984 年

《闲情偶寄》，李渔著，作家出版社，1995 年

《中国烹饪百科全书》，《中国烹饪百科全书》编委会、中国大百科全书出版社编辑部
　　编，中国大百科全书出版社，1992 年

《中国烹饪技法集成》，中国烹饪协会、日本中国料理协会编著，上海辞书出版社，
　　2004 年

《简明中国烹饪辞典》，《简明中国烹饪辞典》编写组，山西人民出版社，1987 年

《中国土特名产辞典》，赵维臣编，商务印书馆，1991 年

《川菜烹饪事典》，李新主编，重庆出版社，2008 年

《中国食料史》，俞为洁著，上海古籍出版社，2011 年

《李约瑟中国科学技术史 第六卷第五分册 发酵与食品科学》，黄兴宗著，科学出版社、
　　上海古籍出版社，2008 年

《中国食用菌志》，上海农业科学院食用菌研究所主编，中国林业出版社，1991 年

《香港海味事典》，郑裕棠著，橘子文化事业有限公司，2011 年

《唐鲁孙先生作品集》，唐鲁孙著，大地出版社，2012 年

《雅舍谈吃：梁实秋散文 86 篇》，梁实秋著，刘天华、高骏编，中国商业出版社，
　　1993 年

《叶灵凤文集》，叶灵凤著，花城出版社，1999 年

《颐之食》，唐振常著，浙江摄影出版社，1997 年

《四方食事》，汪曾祺著，广西人民出版社，2003 年

《古今食事》，高阳著，华夏出版社，2006 年

《川菜杂谈》，车辐著，生活·读书·新知三联书店，2004 年

《学人谈吃》，聿君编，中国商业出版社，1991 年

《潮菜天下》，张新民著，中山大学出版社，2011 年

《潮汕味道》，张新民著，暨南大学出版社，2012 年

《广府味道》，文春梅编著，暨南大学出版社，2011 年

《四川著名美食鉴赏》，卢一著，四川科学技术出版社，2007 年

《中国菜谱》，《中国菜谱》编写组，中国财政经济出版社，1975—1982 年

《北京饭店的四川菜》，程清祥主编，经济日报出版社，1990 年

《北京谭家菜》，彭长海、邢渤涛著，中国旅游出版社，1988 年

《金陵美肴经》，胡长龄编著，江苏人民出版社，1988 年

《福建菜谱（福州）》，福州市饮食公司编，福建科学技术出版社，1985 年

《古法粤菜新谱》，特级校对原著，江献珠撰谱，万里机构·饮食天地出版社，2002 年

《钟鸣鼎食丛书》，江献珠著，广东教育出版社，2010 年

《潮州菜谱》，朱彪初编著，广东科技出版社，1988 年

《盛宴潮菜》，吴木兴著，万里机构·饮食天地出版社，2008 年

《外婆的潮州菜》，方晓岚、陈纪临编著，万里机构·饮食天地出版社，2011 年

《潮菜掇玉》，方树光著，香港中国旅游出版社，2009 年

《上海名店名菜谱》，周三金编著，金盾出版社，1994 年

《卤制菜肴与糟制凉菜》，阮汝玮编著，金盾出版社，1994 年

《老川菜烹饪内经》，刘自华著，中原农民出版社，2007 年

《川菜烹饪技巧》，刘自华著，中国物资出版社，2003 年

《中国小吃（北京风味）》，北京市第二服务局编，中国财政经济出版社，1981 年

《中国名菜丛书》，冉先德、瞿弦音主编，中国大地出版社，1997 年

《中国鲁菜文化》，孙嘉祥、赵建民主编，山东科学技术出版社，2009 年

《食在广州》，王晓玲主编，广东旅游出版社，2006 年

《厨师大全》，鲁克才、杜福祥等编著，中国旅游出版社，1999 年